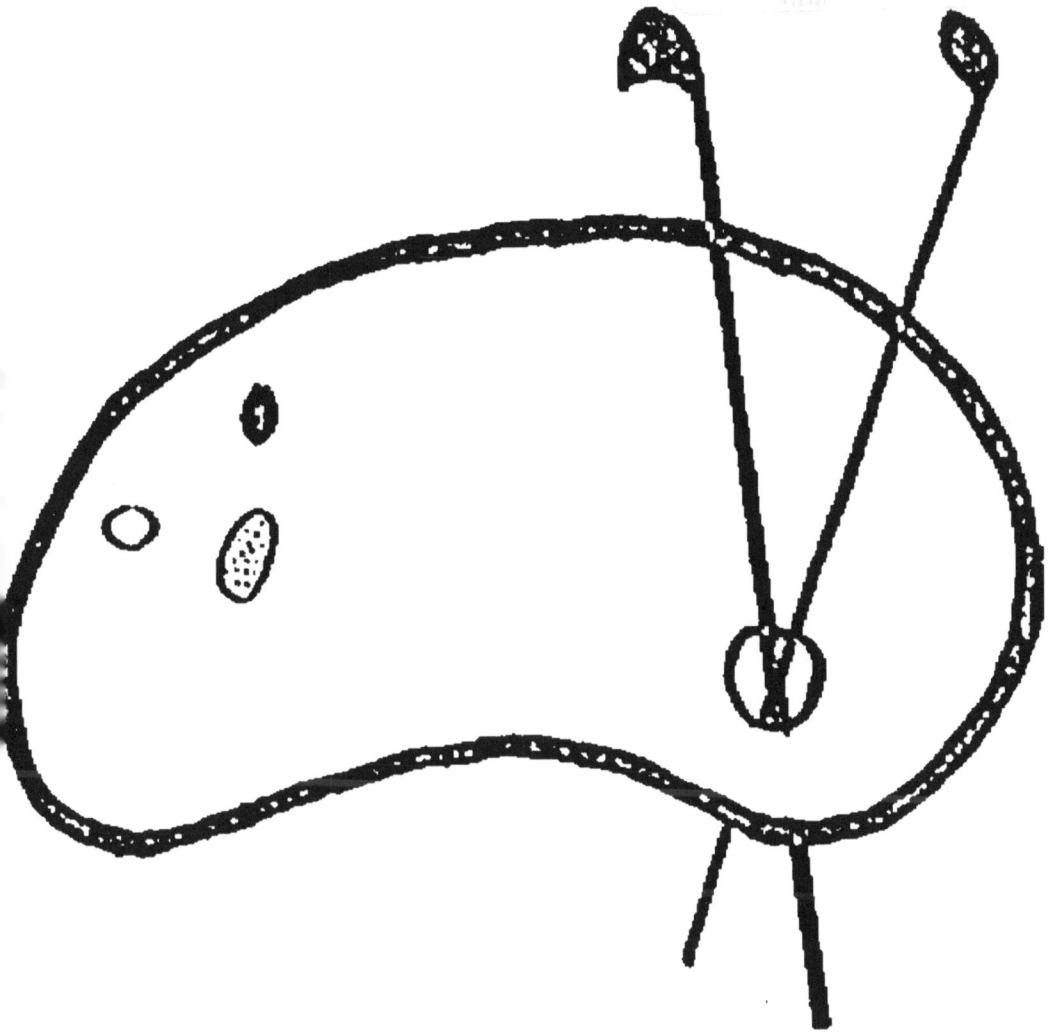

COUVERTURE SUPERIEURE ET INFERIEURE
EN COULEUR

1

23 feuille p· 170

rétablir

T. 8846.
4. A

2733.
Gl.3.

8848   26782

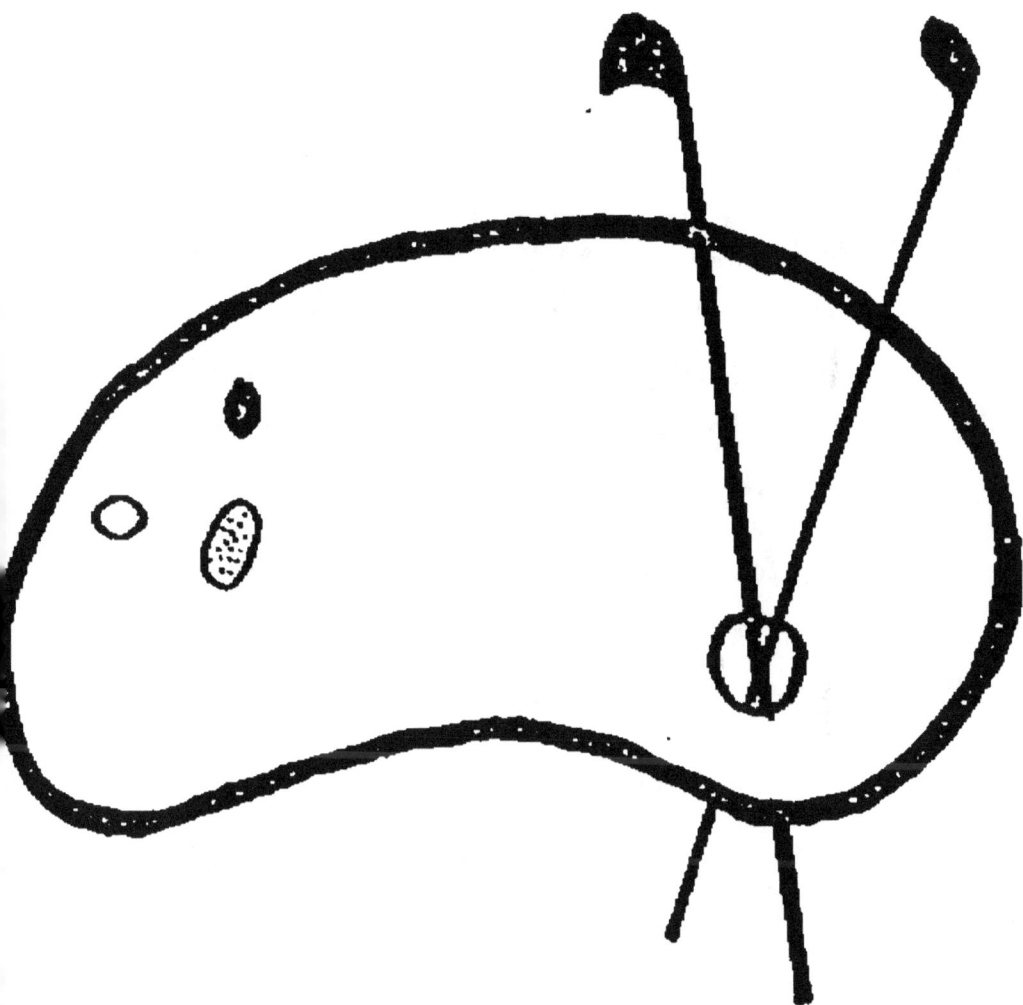

ORIGINAL EN COULEUR
NF Z 43-120-8

LE
PARFUMEUR
FRANÇOIS,

QUI ENSEIGNE TOUTES
les manieres de tirer les Odeurs
des Fleurs; & de faire toutes fortes de compofitions de Parfums.

*Avec le fecret de purger le Tabac en
poudre ; & le parfumer de toutes
fortes d'Odeurs.*

Pour le divertiffement de la No-
bleffe, l'utilité des perfonnes
Religieufes, & neceffaire aux
Baigneurs & Perruquiers.

A AMSTERDAM,
Chez PAUL MARRET,
Marchand Libraire dans le Beors-ftraat,
M. DC. LXXXXVI.

A

MONSEIGNEUR

MONSEIGNEUR

LE PRINCE

D'HARCOURT

MONSEIGNEUR,

Il n'est rien de si naturel que de se chercher un Patron, c'est ce qui me fait prendre la liberté d'offrir à VOSTRE ALTESSE *ce petit Ouvrage & le mettre sous son illustre*

A 2   preprotection: J'espere qu'on improuvera d'autant moins mon dessein que les Princes étant l'Image la plus visible de la divinité, je n'en pourrois trouver un à qui je pûsse presenter ce Traité des Parfums, qu'à celuy dont l'éclatant merite, si generalement connu, en a pour ainsi parler parfumé toutes les Cours de l'Europe.

Pour ne rien dire qui ne convienné à VOSTRE ALTESSE, je passeray tant d'illustres Ajeux dont vous décendés pour renfermer dans vôtre seule personne cette gloire que s'est toûjours acquise la maison de Lorraine, à laquelle nos Rois & toutes les Maisons Souveraines de l'Europe se sont souvent alliez, Je n'emprunteray rien d'un grand nombre de Princes d'une singuliere vertu & d'une generosité extraordinaire qui ont rendu tant de services importans à la France: & sans aller chercher dans les Vaudemonts, Mercœurs, Guises,

ſes, Joyeuſes, Chevreuſes, Mayen-
nes, Aumales, Armagnacs, & l'Il-
lebonne, je trouveray en vôtre ſeu-
le Perſonne ce que tant de grands
hommes, qui en ſont ſortis & à qui
vous appartenez par le droit de nature, ont merité par leur valeur &
par leur ſageſſe.

C'eſt cette derniere vertu, qui o-
bligea nôtre Incomparable Monar-
que à vous choiſir, MONSEIGNEUR,
pour conduire en Eſpagne Marie
Louiſe d'Orleans au Roy ſon E-
poux: Toute l'eſtime de LOUIS LE
GRAND parut dans la confiance
qu'il vous fit de la perſonne de cette
grande Princeſſe, & la ſageſſe que
fit paroître le Roy dans la préference de
VOSTRE ALTESSE, fut la
recompenſe de la vôtre.

Si voſtre ſage conduite dans cette
rencontre vous a attiré l'admiration
d'un chacun, vôtre valeur, MON-
SEIGNEUR, n'a pas été d'une
moindre odeur dans le monde. On a

A 3   ad-

EPITRE.

admiré la generosité de VOSTRE ALTESSE dans les attaques de Negrepont, lors qu'on a craint pour sa perte apres la dangereuse blessure que vous y receutes, cette intrepidité dans les perils, me fait ressouvenir d'un grand Prince de vôtre Nom & de vôtre Sang, c'est le fameux Heros HENRY de Lorraine Comte d'Harcourt dont la memoire sera toûjours chere à la France, vous l'avez égalé, que dis-je, dans un âge moins avancé vous l'avez surpassé, & il ne faut pas estre instruit de l'histoire de nôtre temps pour estre à sçavoir de qu'elle utilité vous fustes aux Venitiens lors que vous commandiez leurs Troupes à Corinthe.

Toutes ces choses, MONSEIGNEUR, que la Renommée à pris soin de répandre dans l'Univers sont autant de Parfums qu'elle a épanchez à vôtre honneur, & comme c'est la premiere Parfumeuse, j'ai

cru

EPITRE.

crû devoir l'imiter en vous dédiant
le Traité que j'ay faite de tout ce
qui peut contribuer a la satisfactions
des personnes de qualité, soit par les
Parfums, Essences, Pastilles, soit aussi par toutes les autres bonnes O-
deurs dont je donne les compositions.
J'augure favorablement pour mon
petit Ouvrage, & le succez en sera
trés heureux, si VOSTRE AL-
TESSE, daigne le recevoir & a-
gréer que je fasse sentir à tout le
monde qu'il y a pour le moins autant
d'honneur que de plaisir à être sous
vôtre appuy. Je suis avec un trés profond respect,

♥

MONSEIGNEUR.

De VOSTRE ALTESSE,

Le trés-humble, trés-
obeïssant, & tres-
obligé Serviteur,
S. BARBE,

A 4   AU

AU LECTEUR.

L'Origine des Parfums n'eſt pas moins ancienne que la creation du monde: Toute la terre formoit alors un jardin délicieux qui exhaloit des odeurs trés-ſuaves. L'art qui ne détruit jamais la nature, mais qui la perfectionne, a ramaſſé dans la ſuite des temps ce que cette bonne Mere avoit en differens endroits pour faire des compoſitions qui joigniſſent par un agreable mélange ce qu'elle avoit parſemé diverſement. Les regles qu'on a dreſſées aprés differentes obſervations n'ont ſervy qu'à donner à l'Art ſon dernier luſtre, & l'experience qui en a été le fondement l'a rendu preſque infaillible & en a aſſuré des moyens d'autant plus faciles, qu'ils ſont plus pratiquables.

C'eſt

C'est à la faveur de ses regles que j'ay apprises sous les plus habiles Maîtres & que j'ay mises en usage pendant un tres-long-temps, que j'ay recueilly les secrets dont je fais aujourd'huy un present au public. J'avoue que le dessein de luy être utile a prévalu à plusieurs considerations qui auroient pû me les faire celer ainsi que font Messieurs les Parfumeurs, & je les abandonne d'autant plus volontiers, qu'outre que je contribueray à la gloire de Dieu par les Parfums que les personnes religieuses composeront pour leurs Eglises, & aux occupations qu'elles se donneront par des Chapelets & Medailles de senteurs, j'auray aussi la satisfaction de contribuer au plaisir de plusieurs personnes de qualité qui pourront se délivrer du mauvair air qu'on trouve souvent malgré soy. A 5 Mon

Mon intention n'eſt pas d'écrire pour ceux qui excellent en l'art dont je traite, je ſuis aſſez perſuadé que chaque Maître a ſes regles particulieres & que par diverſes methodes ils vont tous à une même fin : j'avoue encore un coup que ce n'eſt pas pour eux que j'ay fait les Traitez contenus dans mon livre. Aprés un tel aveu je les prie de ne pas murmurer contre ma conduite & de n'eſtre point fâchez de l'avantage que je procure au public : Qu'ils ſe ſouviennent s'il leur plait que c'eſt le propre du bien de ſe communiquer avec profuſion, & que celuy qui fait luire le Soleil ſur les bons ne prive pas de ſa lumiere les méchans.

J'ay eû en vûe Meſſieurs les Baigneurs & Perruquiers des villes de Province où il ne ſe trouve point de Parfumeurs, qui ne

ne doivent pas, pour cela s'ex-
cuser d'estre propres dans ce qu'-
ils entreprennent, & qui en suivant exactement ce que j'écris
dans les premiers Traitez se pourront fournir de toutes sortes de
poudres & essences pour les
Cheveux, d'excellentes Savonnettes, de lait Virginal, & de
toutes autres choses à leur u-
sage.

Les personnes de condition &
celles qui ont un honnête loisir
rempliront leur temps & se des-
ennuyeront en campagne, lors
qu'ils employeront l'abondance
des fleurs à en faire des parfums
à juste prix. Le beau sexe même à qui la propreté est si naturelle, trouvera icy dequoy
contenter son inclination, & il y a
même des secrets qui en les execu-
tant & les distribuant, les pourront
maintenir dans la qualité que l'E-
glise leur donne de sexe devot.

A 6   On

On pourra m'objecter: si j'ay quelque difficulté, qui pourra me la resoudre ? je vous repondray que l'on n'a qu'à lire mes Avertissemens. Je ne les ay pas voulu inserer dans la matiere, afin qu'on y peust avoir recours, & que cela n'embarassât pas ceux qui voudront pratiquer mes compositions.

Au reste, ceux qui sont versez dans la Lecture de l'Ecriture Sainte ne desapprouveront pas mon procedé. Ils sçavent que dans l'Ancien Testament, il y avoit un Autel qu'on appelloit l'Autel des Thimiames qui étoit celuy où l'on ne brûloit que des Parfums & sur lequel on ne sacrifioit que des Odeurs, il est même expressément marqué en plusieurs endroits que le Seigneur s'est plû dans les Odeurs. Les encensemens qui étoient si regulierement

ment obfervez & prefcrits par la
Loy en font des preuves fuffifan-
tes ; & l'on n'ignore pas non plus
que Salomon ce Roy fi fagë & fi
éclairé avoit quantité de Filles qui
luy compofoient des parfums :
La Reine de Saba le venant voir
luy en fit prefent de plufieurs
fortes. Les prefens qui furent
faits au Sauveur par les trois Rois
dans l'hommage qu'ils luy rendi-
rent furent pour la plûpart des
Parfums. Magdelaine ne luy ex-
prima fon amour qu'en épan-
chant une liqueur précieufe fur fes
pieds : c'eft ainfi que je fermeray
la bouche à de faux zelez qui
voudront blâmer cet ouvrage.

S'il m'eft permis de paffer de
l'Hiftoire Sainte à celle de nos
jours, le plus grand des Monar-
ques qui ait jamais été fur le
Trône s'eft pleu à voir fouvent
le Sieur Martial compofer dans
fon cabinet les odeurs qu'il por-
toit

toit fur fa Sacrée perfonne,
Monfieur le Prince de Condé
dont la mémoire fera toûjours en
veneration à la France faifoit parfumer devant luy par le Sieur
Charles le Tabac & plufieurs chofes de cette nature dont il fe fer-
voit. Le nom de Poudre à la
Marechalle n'a été donné que parce que Madame la Maréchalle
d'Aumont fe divertiffoit à la faire. C'eft ainfi qu'à l'imitation de
fes illuftres perfonnes l'on pourra s'occuper à mettre en pratique ce que j'ay enfermé dans mes
differens Traitez, avec affurance
certaine que je leur donne de reüf-
fir s'il les pratiquent fidellement
puifqu'il n'y a pas un fecret que
je n'aye plufieurs fois experimen-
té avec beaucoup de réüffite.
Heureux fi je puis meriter l'appro-
bation des honnêtes gens.

LES

LES MARCHANDISES

ou Droguès dont on se sert le
plus dans les Parfums, sont

L'Ambre gris.
L'Ambre noir.
Le Musc pur.
Les veßies de Musc.
La Civette d'Hollande.
La Civette d'Angleterre.
Le Benjoin commun.
Le Benjoin beau & bon.
Le Benjoin le plus beau.
Le Storax liquide.
Le Storax sec.
Le Baume du Perou.
Le Calamus.
Le Souchet.
La Canelle.
Le Girofle.
Les Muscades.
L'Iris.
La Coriante.
Le Labdanum.
Le Macanos.
L'Amidon.

Le Bois de sendal Citrain.
Le Bois de Rozes.
Le Bois de sainte Lucie.
L'Esprit de Vin.
L'Essence de Girofle
L'Essence de Canelle du Havre.
L'Essence de Canelle d'Hollande.
L'Huile de Ben.
L'Huile d'Amande douce.
L'Huile d'Olive.
La Gomme Arabic.
La Gomme Adragaut.
Le Cachou.
Le Sucre blanc.
La Cire blanche.
Le Corail.
Le Sirop de Griottes.
L'Orcanet.
Le Savon de Genne.

Toutes les Marchandises ou Drogues cy-dessus nommées se trouvent chez les Espiciers, parce que ce sont presque toutes Marchandises Etrangeres.

Les paquets de Savonettes communes de Bologne dont on
peut

peut avoir besoin se vendent à Lyon chez le Sieur Orlandy au milieu de la ruë Longue au Soleil Levant ; Et à Paris chez le Sieur Girault au cu de sac derriere St. Germain de l'Auxerrois.

Les Fleurs dont on se sert dans les Parfums, sont

LEs Rozes communes.
Les Rozes musquées.
Les Rozes de provin.
Les Iacintes.
Les Violettes.
Les Jonquilles.
Les Narcisses.
Les Fleurs d'Orange.
Les Fleurs de Jasmin.
Les Tubereuses.
Les Cacies.

REMARQUES SUR LES

Principales Marchandiſes cy-
devant nommées, pour con-
noître ſi elles ſont bonnes ou
non.

De l'Ambre.

COmme l'Ambre eſt une
Marchandiſe de peu de mon-
tre & qui coûte beaucoup, il eſt
bon pour les perſonnes qui en
voudront achepter d'en avoir la
connoiſſance ; ce qui eſt bien aiſé
en remarquant que lors que
l'Ambre eſt évanté, ou qu'il
a quelque méchante qualité
on le connoît en ce qu'il eſt rempli de petites pipures blanches:
c'eſt ce qu'on appelle renardé,
il faut auſſi prendre garde qu'il
n'ait pas quelque odeur qui ne
convienne pas à ſa qualité ; on
peut l'éprouver en faiſant chaufer un éguille & le piquer ; il
ſera aiſé de ſentir ſi l'odeur de

sa fumée en sera agreable, il n'y a guére d'autres accidens à éviter à l'Ambre noir.

Plusieurs ont traité de l'Ambre; je ne pretends pas icy faire une dissertation, mais j'assure aprés plusieurs bons Autheurs que l'Ambre se forme sur la Mer, & que c'est une espece d'écume qui est poussée par les flots sur le rivage & qui s'endurcit dans la suite.

Du Musc & vessies de Musc.

AFin que l'on ait plus de facilité à connoître le Musc, je diray dans le dessein de satis-faire à la curiosité de plusieurs, d'où l'on tient qu'il provient. Le Musc est un Animal qui se trouve dans les païs chauds, & que les chasseurs lassent à la course afin de le prendre en vie, & lors qu'ils l'ont attrapé ils le piquent à tous les endroits du corps avec une

une éguille pointuë & envenimée
par le bout, le venin du fer
empêche que le fang de l'Animal
ne forte, mais au contraire à
chaque piqure il fe fait une poche
de fang : & afin que le fang ne
retourne pas dans le corps, ils
fendent le ventre de l'Animal du-
quel ils tirent les plus menus
boyaux, avec lefquels ils lient
toutes les poches de fang qu'il a
autour du corps, ils le mettent
enfuite fecher au Soleil, de forte
que le fang fe caille & fe feche, &
puis ils coupent toutes ces poches
de fang : c'eft ce qu'on appelle
veffies de Mufc, & le veritable
Mufc eft le fang qui eft dedans,
qui eft caillé & feché comme j'ay
dit. Les veffies ce font toutes les
poches qui renferment le fang &
non pas les rognons de l'Animal,
ny les rognons des Foüines comme plufieurs croyent : car les rognons des Foüines ne font propres à rien. Ils ont bien quelque
petite

petite odeur mais fort foible & inutile dans les parfums. A l'égard du Musc pour être bon, il se doit rompre aisément avec les doigts comme du sang sec qui pourtant n'a pas de dureté, car lors qu'il se trouve trop dur & trop sec c'est une marque qu'il est trop vieux & par conséquent qu'il a perdu sa bonne qualité & n'est plus propre à rien.

Pour le conserver il faut le serrer dans une boîte de plomb, parce que le plomb le tient frais & qu'il y ait boîte sur boîte afin qu'il ne s'évente pas.

De la Civette.

A Yant dit ce que j'ay remarqué sur l'Ambre, & le Musc, le Lecteur ne sera pas fâché si je luy fais connoître d'où procede la Civette, en donnant en même temps les remarques que l'on peut observer pour connoître si elle

elle eſt bonne; la Civette eſt un Animal qui reſſemble à une Fouïne. Elle eſt un peu plus groſſe, elle paroît eſtre fort triſte de ſon naturel, on la tient enfermée dans une cage de fer, & les perſonnes qui gouvernent ces animaux ſçavent connoître le tems qu'il faut prendre pour les faire ſuër, en mettant pluſieurs rechauts pleins de feu autour de leurs cages, cela aide au naturel de l'Animal, & comme la ſueur en eſt fort épaiſſe, on ramaſſe avec un couteau d'Ivoire toute la ſueur qui ſe trouve ſous ſes eſſailles ou entre ſes cuiſſes, c'eſt ce que nous appellons la Civette, & lorſqu'elle eſt trop vieille, elle eſt toute brune, elle n'eſt pas bonne non plus, mais il faut qu'elle ſoit d'un jaune doré & d'une tres-forte odeur qui ſoit pourtant agreable, & ſur tout qu'elle ne file pas, car il y auroit danger qu'elle ne fût mêlée de miel.

Pour

Pour la bien conferver il faut la mettre dans un pot de verre, & mettre le pot de verre dans une boite de plomb garnie de cotton.

Du Benjoin.

LE Benjoin commun est ordinairement fort brun, pour le meilleur c'est celuy qui est perlé, plein de grosses larmes blanches, clair luisant, l'odeur bien forte & bien net, il ressemble à des amandes qui seroient confites dans du miel, on tient qu'il vient d'Arabie & qu'il se trouve dans la montagne où croit l'Encens., il se durcit & se forme en pierre comme nous le voyons, c'est ce que les Anciens appelloient la Mirrhe.

Du Storax.

IL n'est pas difficile de connoître si le Storax liquide est bon

B   puis

puis qu'il ne peut être autrement. Quant au Storax fec, il ne faut choifir le plus fec que lors qu'on en a befoin pour mettre en poudre, hors de cela le plus tendre eft le meilleur, car quand il eft nouveau il fe romp comme de pain d'épice, c'eft, alors, que fon odeur eft meilleure, il vient auffi d'Arabie, & c'eft une gomme qui provient d'un arbre : l'odeur en eft fort bonne particulierement dans les compofitions propres à brûler.

Du Baume du Perou.

LE Baume du Perou fe connoît à la force de l'odeur. Il faut pour être bon qu'elle soit forte & agreable, & pour connoître s'il n'eft pas falfifié, il faut tremper un brin de paille dans le Baume & l'égouter fur un verre d'eau, fi la goute de Baume va au fond de
l'eau

l'eau fans rien laiffer deffus il eft
bon.

Du Maçanet.

IL faut caffer les grains du Macanet, s'ils fe trouvent jaunes
c'eft une marque qu'il eft vieux,
car pour être bon & nouveau, le
dedans des grains doit être blanc
& l'odeur en eft beaucoup meilleure.

De l'Efprit de Vin.

POur éprouver fi l'efprit de vin
eft bon, vous en pouvés
mettre plein une cuilier, avec
une pincée de poudre à tirer,
& y mettre le feu, fi la poudre
prend feu & enleve l'efprit de vin il
eft bon.

Vous pouvés encore en mettre dans une cuilier & y mettre le feu, & le laiffer brûler à

loi-

loifir dans un lieu où il n'y ait
point d'air , fi la cuilier refte
mouillée aprés le feu éteint ,
c'eft une marque qu'il n'eft pas
bon.

De l'Amidon.

L'Amidon du quel on fe fert
pour faire les poudres à poudrer les cheveux, n'eft pas celuy
qui fert à faire l'empois , il y a
cette difference que celuy pour
l'empois eft gras , & celuy pour
les poudres eft extrémement fec
& ainfi le plus blanc & le plus fec
eft le meilleur.

Du Savon de Genne.

COmme dans l'employ du
Savon on a befoin du meilleur,
il le faut prendre vray Genne,qu'il
foit bien ferme & fec , car s'il
eft humide & qu'on le garde il
di-

diminuera tous les jours du poids,
& outre cela il ne pourra man-
quer de fentir l'huile, parce qu'il
fera nouveau fait, ce qui feroit un
trés mauvais effet pour les Savonnettes.

Je ne dis rien du reftant des
drogues ou Marchandifes cy-devant nommées, chacun étant bien
capable de connoître fi elles
ont l'odeur bien naturelle du nom
qu'elles portent.

AVERTISSEMENS
sur les principales compositions.

Sur les poudres à poudrer les Cheveux.

TOutes les Poudres blanches sont faites d'Amidon, qui sort du bled après que la farine en est tirée, & il n'y a pas plus d'apprêt à l'Amidon pour la Poudre de haut Prix, que pour celle de bas prix. Il ne s'agit que de le piler & le passer bien fin au Tamis: il est seulement necessaire de s'y rendre sujet quand on le parfume aux fleurs, parce que de-là dépend la bonté de la Poudre, & particulierement à celle de fleurs d'Orange & à celle de Roses communes, parce que si on est plus long-temps à la remuër qu'il n'est marqué dans son lieu, cette te Poudre fera en danger d'eftre gâtée, dautant qu'elle s'échaufera d'une maniere qu'à peine on y pourra fouffrir la main. Les fleurs feront reduites en fumier, & rendront l'Amidon tout moite & en plotte & fentira le pourry, ce que l'on évitera fi l'on pratique ce que je marque dans les Articles ou j'en traite : cependant s'il arrivoit qu'elles fuffent gâtées, il y faudroit remedier promptement de la maniere qui fuit. Il faudroit la remuer par tout défaifant avec les mains toutes les mottes qui fe feroient faites, & faffer à l'inftant toutes les fleurs & en remettre de fraiches, & les remuer de trois en trois heures & elle fe racommodera. Il n'y a pas de danger aux autres fleurs parce qu'elles ne s'échauffent point, mais il faut toûjours en avoir foin & n'y laiffer les fleurs, que le temps

qui

qui eſt marqué dans leurs Articles. Il faut auſſi ſçavoir que toutes les fleurs ne ſont pas capables de communiquer leur odeur à la poudre, & qu'il n'y a que les fleurs d'Orange, le Jaſmin, les Rozes communes, les Roſes muſquées & la Jonquille. Car toutes les autres fleurs ont l'odeur trop foible, & quoyque la Tubereuſe ſemble avoir l'odeur aſſez forte, neanmoins ſa qualité ne permet point cela, & en un mot il eſt inutile de s'en ſervir pour les Poudres.

La Poudre de Chipre eſt faite de mouſſe de Chêne, la Poudre de Viollette eſt faite de racine d'Iris, & celle de Franchipanne eſt faite moitié poudre de Chipre & moitié Amidon : il faut que ces ſortes de Poudres ſoient faites l'Eté, autrement elles ſont difficiles à faire à cauſe de l'humidité, & il les faut ſerrer dans un

lieu

lieu fec. J'avertis que la mouffe de Chêne de laquelle on fait
la Poudre de Chipre, n'eft pas celle qui croît aux pieds des Ar-
bres, & qui eft verte, & reffem-
ble à de la frange, mais c'eft
celle qui croît fur les branches
des vieux Chênes; elle eft blanche & faite en feüille.

Sur les Savonnettes.

LEs plus excellentes & les meilleures Savonnettes étoient au-
trefois celles de Bologne, car
les Bolonnois avoient trouvé le
fecret de fi bien préparer & parfumer le Savon, que perfonne
n'avoit jufqu'alors entrepris fur
leur maniere, mais ils ont fi fort
negligé de les bien parfumer, &
l'on s'eft fi bien étudié que l'on a
trouvé le moyen de faire mieux
qu'eux: De forte que prefente-
ment toutes les Savonnettes que

B 5   l'on

l'on vend pour Bologne n'en font point, mais elles font auſſi bonnes, puiſque l'on ſe fert du Savon qu'ils apprêtent, & que tout dépend de la maniere de les parfumer ainſi que vous le verrez.

A l'égard des autres ſortes de Savonnettes, tout l'art conſiſte à bien préparer le Savon comme je l'enſeigne, car le Savon ayant de ſoy-même une aſſés méchante odeur, il eſt beſoin de la luy ôter avant que d'y mettre aucun parfum. C'eſt l'avis le plus important ſur ce ſujet.

Quant aux communes il n'eſt pas neceſſaire qu'il ſoit purgé ſi l'on ne veut, car les eſſences que l'on y met penetrent tout.

Si on les veut marquer de quel-que marque ou cachet, il faut que ce ſoit lors qu'elles ſont roulées

lées & un peu rafermies, & si
on les veut dorer, il faut at-
tendre qu'elles soient fraiches; il
n'y a pour cet effet qu'à hu-
mecter la marque de la Savonnette avec un peu de cotton
imbibé d'eau de senteur, ensuite poser la Savonnette sur la feüille d'or, que vous aurez auparavant coupée à peu prés de la
grandeur de la marque, & appuyer
l'or avec un peu de cotton sec, &
cela sera fait.

Sur le lait Virginal.

Plusieurs entreprennent tous
les jours de composer du
lait Virginal & ont peine d'y
bien reüssir : le plus souvent le
deffaut vient de ce qu'ils y mettent plus de drogues qu'il n'y faut.
Ils croyent que sans litarge il ne
blanchira point l'eau, & c'est un
abus. Observés exactement ce

que

que j'en dis en ſon Article, &
vous en ferez qui aura toutes
les qualitez qu'il doit avoir. Je
vous donne ſeulement avis de le
faire l'Eté au Soleil, parce qu'il
y a des gens qui en ont voulu
faire l'hiver au Bain-marie qui
s'en ſont mal trouvez, car la
bouteille venant à ſe caſſer comme
il eſt arrivé, le feu ſe prend à
l'eſprit de vin & eſt capable de
cauſer du déſordre.

*Sur les Eſſences & huiles parfumées
aux fleurs, & les Eſſences
naturelles.*

LEs Eſſences de fleurs, dont
on ſe ſert pour les Cheveux,
ne ſont point de veritables eſſences, ce ſont des huiles auſſi bien
que les huiles communes qui
ſervent au même effet, & ſi
on les nomme eſſences, c'eſt
parce qu'elles ſont faites d'une
hui-

huile qui prend parfaitement bien l'odeur des fleurs , & pour en faire la difference d'avec l'huile commune. Les huiles communes font l'huile d'amande douce & l'huile d'Olive que l'on parfume aux fleurs , & defquelles on se sert journellement pour les Perruques. Mais l'huile que l'on nomme Essence est tirée du Ben qui est une noizette à trois quarrez, & dont l'Amande rend une huile si belle & si douce, qu'elle ne sent quoy que ce soit : De sorte que ne sentant rien d'elle-même, elle prend parfaitement bien l'odeur de la fleur qu'on luy donne , même de la plus delicate & plus foible odeur,& si naturellement qu'il n'y a pas de difference entre l'odeur de sa fleur & celle de l'huile , lors qu'on prend soin de la bien travailler. Vous verrez dans son lieu de quelle manie-

re

re on parfume les unes & les autres.

À l'Egard des Essences naturelles, elles font de veritables Essences, puifqu'elles fortent de la fleur on du fruit du nom qu'elles portent : les Essences naturelles font, l'Essence de Neroly autrement dit, quinteffence de fleurs d'Orange, l'Essence de Cedra qu'on nomme de Berga-motte, l'Essence de Citron, & l'Essence d'Orange forte ou de petit grain. Celle de Neroly fe tire fur l'Eau de fleurs d'Orange, & eft produite par le fruit qui eft dans la fleur, celle de Cedra eft produite par les zefts que l'on tire de l'écorce du Citron de Berga-motte, celle de Citron eft tirée du Citron diftilé, & celle d'Orange des Oranges diftilées. Voila la difference qu'il y a entre les Essences & les huiles. Les fleurs qui

nous

nous peuvent servir dans ce cli-
mat à faire des Essences & des
huiles pour les Cheveux ou
Perruques, sont le Jasmin, la
fleur d'Orange, la Tubereu-
se, la Jonquille, & les Roses musquées, dautant qu'elles sont les plus communes &
les plus fortes en Odeurs,
car toutes les autres ont l'o-
deur trop foible. Chacun sçait
que c'est la force du Soleil qui
donne la force aux fleurs, c'est
pourquoy nous ne pouvons pas
employer jusqu'aux moindres
fleurs comme dans les païs
chauds.

Sur les Pommades parfumées aux fleurs.

LEs Pommades en odeur de
fleurs ne sont pas propres au
visage, elles ne le sont qu'aux cheveux, elles ne sont plus en reg-

ne

gne si fort qu'elles l'ont été, car
on a trouvé plus de commodité
aux huiles , mais si les huiles
sont commodes pour les Perruques, les Pommades sont necessaires pour décrasser les Têtes des
Femmes, & en même-temps pour
nourrir les cheveux , ainsi elles sont toûjours de service. Il
est necessaire pour leur bien faire prendre l'odeur des fleurs de
bien purger dans l'eau la panne
dequoy elle est faite , c'est le principal.

Sur les parfums pour la Bouche.

L'Ambre est singulier pour l'e-
stomac, le Musc en quantité
n'est pas bon pour la Bouche, ainsi
le moins que l'on en met dans
les compositions est toûjours le
mieux & jamais de Civette, elle ne
vaut rien à la bouche.

Sur les Eaux de senteurs.

LEs Eaux d'Ange se font de plusieurs façons & sont presque toûjours la même chose : & du moment que l'on a en memoire toutes les drogues qui y peuvent entrer, & que l'on sçait à peu prés la doze du fort & du foible, ainsi que les Articles l'enseignent, on la fait facilement aussi bonne que l'on veut en augmentant ou diminuant la dépense. Ce qu'il y a de particulier c'est, que la faisant dans le coquemart, elle se fait trouble & épaisse & la faisant distiler au Bain-marie, elle se fait claire comme eau de roche, cependant elle a la même odeur que l'autre.

L'Eau de la Reine d'Hongrie ne se peut faire si bonne qu'à Montpellier, parce qu'ils la font avec les fleurs de Romarin qu'ils ont en abondance ; mais cependant celle que nous faisons avec les feuilles est fort bonne & a la même vertu.

A l'égard des Eaux de fleurs, il n'y a que la fleur d'Orange & celle de Roze de laquelle on puisse faire de l'eau, & s'il s'en trouve d'autre sorte elle est artificielle. Plusieurs ont voulu faire de l'eau de Jasmin & n'y ont pas reüssi, la raison en est aisée à trouver, c'est qu'il faut que ce soit une fleur qui ait du corps pour pouvoir produire de l'eau, autrement il faut que ce soient des fleurs qui sortent d'un Arbre aromatique, comme le Romarin, ou le Mirthe, desquels on peut se servir des feuilles qui ont beaucoup de force pour aider à la fleur. Exemple, frottez dans vôtre main une fleur d'Orange ou une.

une Roze , & la ſentez, vous trouverez qu'elle ſentira plus fort qu'auparavant, il en eſt tout au contraire d'une fleur de Jaſmin, ou d'une Tubereuſe, car bien loin de communiquer ſon odeur, elle ſe reduira en fumier, & ſentira mauvais, c'eſt ainſi que chaque choſe porte ſa qualité. Il eſt aiſé de là à juger que, quoyque l'on vende de l'eau d'œillet, on ne peut pourtant en tirer de l'eau, puiſque cette fleur n'a pas la force d'en produire : mais parce qu'il tire ſur l'odeur du Girofle que l'on a adouci en en tirant de l'eau, c'eſt par ce moyen que l'on a de l'eau qui a l'odeur de l'œillet.

Sur les Paſtilles à brûler.

POur les compoſitions de Paſtilles, il ne faut entreprendre

dre d'y mêler que des choses qui
font propres à bruler, & qui pouf-
fent de l'odeur dans la fumée,
car autrement ce feroit autant
de perdu. Par exemple, fi vous
y mettez de la Civette, elle
rendra plutoft une méchante
odeur qu'une bonne, pour preu-
ve, mettez un grain de Civette dans le feu, il fentira plus
mauvais que bon, & le Mufc
de méme, & au contraire met-
tez-y de l'Ambre & vous tirerez une odeur agreable, & ainfi
des autres drogues.

Sur les groffes poudres dont on remplit les Sachets & Toilettes.

IL faut remarquer que toutes ces fortes de compofitions,
quoyque differentes, ont toutes du raport les unes avec
les autres, parce qu'elles font
pref-

presque toutes d'odeurs fortes, & la plus grande subtilité en les composant, est de mélanger toutes les drogues avec tant de précaution, que l'on puisse rendre difficile à connoître laquelle de toutes les odeurs mélangées est celle qui domine, ce qui se peut comprendre facilement par la lecture & pratique des Articles qui les contiennent, appropriant un peu plus d'odeurs douces avec un peu moins de fortes à quoy on peut remedier, quand même on y auroit manqué, puisque le mélange étant fait, on y peut ajoûter ce que l'on trouve à propos.

Sur les Herbes Aromatiques.

LEs Herbes Aromatiques ne sont pas bien necessaires dans les parfums, mais comme il se trouve quelques personnes qui s'en

s'en servent, j'ay ajoûté la maniere de les pouvoir employer,
quoyque toute la peine que l'on
y peut prendre ne les rende jamais guere agreables, car ces sortes d'herbes gardent si bien leur
odeur, qu'il est fort difficile de
les adoucir. On les employe seulement avec quelques autres drogues qui ne se peuvent corrom-
pre pas leur force, ou bien faisant
un Pot pourry comme il est dit
en son Article.

Sur les Compositions à porter sur soy.

TOutes les compositions à porter sur soy doivent être toutes d'odeurs douces, & agreables; & que le Musc ny la Civette n'y soient jamais par quantité,
& que l'un ou l'autre ne soit pas
pur, car le Musc pur entête, &
la Civette n'est pas agreable étant
seule, ainsi il faut les temperer
par

par les mélanges d'odeurs plus
douces, comme vous le connoîtrez dans le Articles où j'en parle.

Sur les Compositions à charger Gands ou Peaux.

COmme ces compositions
renferment ce qu'il y a de
plus precieux dans les Parfums,
puisqu'elles font composées
d'Ambre, de Musc, & de Civette, d'Eaux de senteurs & d'Es-
fences douces, il se faut bien
garder de jamais y mélanger aucune odeur ny essences fortes,
car quoyque ces parfums ayent
beaucoup de force, il est con-
stant que, s'ils font traversez
par des parfums contraires, ils
se gâtent aussi-tôt, & perdent
leurs qualitez, & au contraire
comme toutes les odeurs douces se conservent les unes avec
les autres, ces sortes de parfums
du-

durent à l'infini lors qu'ils font bien compofez & appliquez bien à propos. Mais pour durer longs-tems, il faut par-deffus toutes chofes que les Peaux ou Gands fur lefquels on les em- ploie, ayent été parfaitement bien purgés: c'eft le principal & le plus neceffaire.

Sur le Tabac.

CE n'eft pas un des moindres Articles des Parfums que de bien donner l'odeur des fleurs au Tabac, car on doit être per- fuadé que fon odeur naturelle eft d'une force extraordinaire, & par confequent qu'il faut qu'il foit parfaitement bien purgé & qu'il ait abfolument perdu fon odeur forte, pour en pouvoir prendre aifément une douce; car il eft conftant que s'il n'eft pas purgé dans fa perfection, il ne
pren=

prendra jamais bien l'odeur des fleurs, ou s'il la prend ce ſera en employant une fois autant de fleurs qu'il en eſt neceſſaire, & il eſt certain que l'odeur ne s'en conſervera pas long-temps. On aura encore le chagrin que les autres parfums que l'on y pourra mettre d'Ambre, de Muſc, & de Civette ne feront point l'effet qu'ils feroient s'il étoit bien purgé : car outre que l'odeur n'en ſera pas ſi agreable, il arrivera que l'odeur du Tabac corrompra en peu de temps ces bons parfums, & il ne ſera jamais bon. C'eſt pourquoy il ne faut pas regarder à la diminution que la purgation y aporte pour le rendre dans ſa perfection ; pourveu que l'on ſe ſerve de Toile bien ſerrée il ne diminuera pas beaucoup, & l'on ſera aſſuré que l'odeur ſe conſervera aiſément d'une année à l'autre dans sa bonté. Les manieres en sont fort aisées, ainsi que vous le verrez dans son Traité.

Sur le Temps de cueillir les fleurs.

LOrs que vous voudrez employer des fleurs, soit pour les Gands, soit pour les Essences, Pommades, Tabac ou enfin à tout ce à quoy vous en aurez besoin, observez particulierement que c'est le matin & le soir qu'elles doivent être cueillies, sçavoir le matin aprés que le Soleil aura donné dessus une heure ou deux, & le soir deux heures avant le Soleil couché : que les fleurs d'Oranges & autres soient ouvertes & non pas en bouton : qu'elles ne soient mouillées en aucune façon, & sur tout qu'elles ne soient point envelopées de linge mais de papier bien sec.

Le

Le dernier avertissement que je donne, c'est que si l'on trouve que la quantité que je marque dans mes compositions soit trop grande, il est facile d'en accommoder si peu que l'on voudra à la fois en diminuant également ou à proportion toutes les choses qui y sont comprises. Je les ay toutes écrites de la même maniere que je les ay moy-même exprimentées & executées.

Je ne renferme pas dans ce petit volume aucune maniere de farder, étant persuadé qu'il n'y a point de fard qui ne gâte le visage : j'enseigne seulement des Pommades qui sont trés-singulieres, & desquelles on se peut servir en toute assurance, car elles font un trés bel effet & ne fardent pas.

C 2   TRAI-

TRAITÉ

DES POUDRES POUR les Cheveux.

Poudre de Roses communes.

DAns une caisse où il y aura vingt livres de poudre d'amidon, vous y mettrés une livre de feuilles de Roses, que vous mêlerés bien avec la main, en-sorte qu'il y en ait par tout, & de quatre en quatre heures vous ne manquerés plus de la bien remuer, afin que les fleurs ne s'échaufent point, & le lendemain à pareille heure que

vous

vous les aurés mifes, vous les
fafferés, & vous en remettrés
d'autres en pareille quantité, &
ainfi de même jufqu'à trois fois,
pendant lequel temps vous laifferés la caiffe ouverte depuis la
premiere fois que vous y aurés
mis les fleurs jufqu'à ce qu'il n'y
en ait plus , & la poudre fera
faite.

Poudre de Rofes mufquées.

COmme l'on n'a pas les Rozes
mufquées en abondance comme les communes, il ne faut prendre du corps de poudre qu'à l'é-
quipolent de ce qu'on a de fleurs,
& faire en-forte qu'il y en ait par
tout, & laiffer les fleurs dans la-
ditte poudre vingt-quatre heures : Au bout du quel temps il
faudra faffer les fleurs & en re-
metre de fraîches, & ainfi faire
jufqu'à trois fois. Il n'eft point

C 3 ne-

neceſſaire de remuer les fleurs,
parce qu'elles ne s'échaufent
point. La caiſſe doit demeurer
fermée.

Pendre de fleur d'Oranges.

DAns une caiſſe où il y aura
vingt-cinq livres de poudre
d'amidon, vous y melerés une
livre de fleurs d'Orange, vous ferés en-ſorte, qu'elles ſoient également miſes par tout, & vous
aurés ſoin de la remuer au moins
deux fois le jour pour empêcher
qu'elles ne s'échaufent, & au
bout de vingt-quatre heures vous
ſaſſerés vos fleurs, & en remettrés de fraîches en même quantité & vous ferés ainſi pendant
trois jours. Si l'odeur ne vous
en paroît pas aſſez forte, vous
en pourrés remettre encore une
fois & elle ſera faite. Il faut
toûjours tenir la caiſſe fermée,
au-

auffi-bien quand les fleurs y font, comme lors qu'elles n'y font plus.

Poudre de Jafmin;

DAns une caiffe où il y aura vingt livres de poudre d'amidon, vous y mélerés un millier de brins de Jafmin bien également, faifant un lit de poudre & un lit de fleurs, & vous laifferés ainfi vos fleurs l'efpace de vingt-quatre heures fans les remuer, car le Jafmin ne s'échaufe pas. Enfuite vous fafferés vos fleurs, & en remettrés de fraîches en même quantité, vous continuerés ainfi l'efpace de trois jours, & elle fera faite, fi vous fouhaitez que l'odeur en foit plus forte, vous y remettrés des fleurs encore une fois.

Poudre de Ionquille.

VOus en uferés pour la composition de cette poudre,
comme à la poudre de Rozes
mufquées : Selon la quantité que
vous aurez de fleurs vous prendrés de la poudre, en-forte qu'il y
ait des fleurs par toute la-ditte
poudre, fans être pourtant trop
confufes, & les ayant laiflé vingt-
quatre heures, faflés vos fleurs,
& en remettez de fraîches, vous
ferez ainfi l'efpace de trois jours,
& elle fera faite.

Poudre d'Ambrette.

PRenés cinq livres de poudre
de Jafmin & cinq livres de
poudre de Rozes mufquées, &
les mêlés enfemble. Enfuite em-
pliflez un fas de cette poudre :
verfés dedans deux gros d'ef-
fen-

fence d'Ambre & la mêlés, puis
fassés vôtre poudre, à la reserve
des grumelots que l'essence aura
formés: Remettés parmy les grumelots de la suf-dite poudre &
continués à fasser jusqu'à ce que
vous ayés desséché & passé le tout.
Puis mêlés bien le tout ensemble, & cela sera fait.

Quoique les Poudres Blanches
soient parfumées aux fleurs, ce
n'est pas encore assés, il faut faire un parfum comme cy-aprés, a-
fin de les mettre dans leur perfection & pour lors il n'y manquera plus rien.

Parfum pour parfumer les autres poudres.

PRenés douze livre de poudre
d'ambrette ou d'autre sorte si
vous voulés, ensuite mettés dans
le petit mortier un demi gros de
Civette & gros comme une pe-

tite noix de sucre, & les pilés
ensemble: Ajoûtés-y de cette poudre & la passez au sas, & ce qui
vous restera de grumelots, re-
pilés les & les consommés &
passés avec de la même poudre, &
ayant tout passé vous consommerés de la même maniere un gros
de musc : puis vous mêlerés
bien le tout ensemble, & elle sera
fait.

Vous pouvez mêler deux onces de cette poudre dans une livre de poudre de Jasmin ou de
fleurs d'orange, cela fait un mélange d'odeurs fort agreable, &
aide beaucoup à faire pousser les o-
deurs des fleurs.

Poudre purgée à l'Eau de vie.

Dans une caisse où il y aura dix livres d'amidon en
poudre, vous y verserés une
chopine d'Eau de vie & mêlerés
bien

bien le tout. Enfuite vous le laiſſerés ſécher, & étant ſec le pilerés
& repaſſerés bien fin par le Tamis, & cela ſera fait.

Poudre de Violette ou d'Iris.

IL n'y a point d'autre façon à
faire que de piler l'Iris & le
paſſer au Tamis, cette poudre
eſt trés bonne pour les cheveux,
& elle ſent naturellement la vio-
lette, & il n'y en a point d'autre de cette odeur, parce que
la fleur n'a pas aſſez de force.

Poudre de mouſſe de Cheſne : Autre-
ment dite de Chipre.

IL faut premierement mettre
tremper la mouſſe de Cheſne
dans beaucoup d'eau, l'eſpace de
trois jours au moins, enſuite la
retirer de l'eau & la bien exprimer,

mer , puis la laver encore par plufieurs fois jufqu'à ce que l'eau démeure nette , & pour lors vous la retirés de l'eau & l'exprimerés bien & la mettrés fecher au Soleil, & vous aurés foin de la remuer de deux en deux heures à mefure qu'elle féchera, afin qu'elle ne s'échaufe pas, & étant bien féche vous ferés ce qui fuit. Pour la mettre en poudre vous emplirés vôtre mortier de la-ditte mouffe, & jetterés deffus un verre d'eau & la pilerés , elle ne manquera pas de fe reduire en miettes, ce qui ne fe feroit pas fi elle n'étoit humectée de la façon, & aprés l'avoir ainfi reduitte , vous la remettrés fécher au Soleil, & étant bien féche , vous la pilerés aifément au mortier & la pafferés au Tamis tout le plus fin, & elle fera faite.

La derniere purgation que l'on fait

fait à la poudre de Chipre, c'est
de luy donner une fois ou deux
les fleurs de Jasmin ou de Rozes musquées tout comme aux
autres poudres. Elle ne prend
pas pour cela l'odeur des fleurs
comme l'amidon, mais cela la
rend en état de prendre facilement
les autres odeurs que l'on luy veut
donner.

Comme on a à Lyon la com-
modité des Trouilleurs , qui
mettent toutes choses en poudre , les personnes de Lyon
pourront par ce moyen la faire
mettre en poudre sans en avoir
la peine, pourveu qu'elle soit auparavant bien purgée & séchée
ainsi que je viens de le dire.

Poudre de Franchipanne.

VOus prendrés six livres de
poudre de fleurs d'Orange
& six livres de poudre de mousse
de

de mouſſe de Cheſno, que
vous mélerés enſemble, puis vous
ferés chaufer le cul du petit mortier & le bout de ſon pilon aſſez chaud pour griller la ſalive;
vous y verſerés une once d'eſſence d'Ambre & dans le même in-
ſtant plein la main de la ſuſ-dit-
te poudre, que vous mélerés
bien avec le pilon, y ajoûtant de la poudre juſqu'à ce que
le mortier ſoit plein, en-ſuite vous
renverſerés vôtre mortier dans
un ſac, & vous remettrés encore de la même poudre par deſſus, & la ſaſſerés dans une caiſſe, afin que l'odeur ne s'évente
pas, & ce qui reſtera de grumelots que l'eſſence aura formés,
vous les remettrés dans le mortier, les pilant & mélant comme
auparavant en y ajoûtant de la
poudre, & enfin continue-
rés ainſi juſqu'à ce que le
tout ſoit conſommé & paſſé :
puis

puis vous ferés ce qui fuit.

Vous mettrés dans le mortier un demi gros de Civette avec un morceau de fucre gros comme une noix, vous broyerés vôtre Civette avec le fucre, vous y ajoûterés peu à peu de la poudre, en la mélant avec le pilon, enfuite vous la renverferés dans un fas & fafferés legerement, puis vous remettrés dans le mortier les grumelots que la Civette aura formés, vous les repilerés y ajoûtant de la poudre comme auparavant, & continuerés ainfi jufqu'à ce que le tout foit paffé, puis vous mêlerés bien le tout enfemble & elle fera faite.

Cette poudre eft d'une agreable odeur, la couleur en eft d'un gris cendré, qui convient parfaitement bien à toutes couleurs de cheveux.

Autre maniere.

VOus pouvés mêler de la poudre de Chipre avec de la poudre d'amidon en quantité égale, & leur donner les fleurs comme à la poudre de fleurs d'Orange ou de Jasmin, & ensuite quand bon vous semble leur donner l'odeur de l'Ambre & de la Civette comme il est enseigné cy-dessus, & elle sera trésbonne.

Autre maniere.

AYant observé l'un des deux articles cy-dessus, si vous voulés la rendre musquée, il faut sur la même quantité de poudre, au lieu d'y mettre un demi gros de Civette, n'y en mettre que dix huit grains & y ajoûter un demi gros de Musc,

&

& le broyer & consommer avec
du sucre de la même maniere
que l'on consomme la Civette,
& l'odeur en sera trés-bonne.

Maniere de parfumer la poudre de Chipre comme à Montpellier.

VOus prendrés deux livres
de poudre de mousse de
Chesne toute pure, qui ait été
purgée avec les fleurs, comme
il est dit dans son article. Vous
y consommerés dix-huit grains de
Civette avec un peu de sucre,
comme il est cy-devant enseigné.
Ensuite vous y consommerez un
demi gros de Musc de la même
maniere, ce qui étant fait, vous la
mettrés dans une boîte bien close,
elle sera d'une odeur admirable, il
n'en faudra que trés peu sur une
perruque ou sur la tête pour sentir parfaitement bon.

*Poudre fine à la Mareschalle propre à
faire des pastes pour des Chaplets.*

VOus préndrés deux livres de
mousse de chesne, une livre de
poudre d'amidon, une once de
clou de Girofle en poudre, une
once de Calamus en poudre, deux onces de Souchet en poudre, deux onces de bois ver-
moulu en poudre, mêlés bien
le tout ensemble, & elle sera
faite.

Il faut que ce soit du bois de
chesne vermoulu, parce qu'il est
rouge & qu'il donne une belle
couleur à cette poudre.

TRAITÉ

DES SAVONNETTES.

Maniere de purger le Savon.

VOus prendrés une Table de Savon que vous ratiſ-ſerés bien, enſuite la dé-couperés bien mince & vous mettrés le tout dans un grand chauderon ſur le feu avec cinq ou ſix pintes d'eau, & vous fe-rés fondre vôtre Savon, toûjours remuant avec un bâton juſqu'à ce qu'il ſoit bien fondu : En-ſuite vous le verſerés dans des vaiſſeaux & le laiſſerés pluſieurs jours juſqu'à ce qu'il ſoit bien fermé : Puis vous le decou-perés tout le plus mince que vous pourrés, & vous le laiſſerés ſécher juſqu'à ce qu'il ſoit dur

com-

comme du bois. Ensuite vous
le mettrés dans des vaisseaux ou
bassins & verserés de l'eau de vie
suffisamment pour le détremper:
Vous y jetterés aussi quelque
poignée de sel,& le tournerés bien
dessus dessous , afin que le tout
soit bien imbibé : Puis vous le
mettrés derechef sécher à l'air;
jusqu'à ce qu'il soit bien sec, &
pour lors quand vous en aurés
besoin vous le ferés ramolir selon
les Savonettes que vous voudrés
faire: Comme vous trouverés dans
leurs articles.

Savonnettes communes.

PRenés cinq livres de Sa-
von que vous ratisserés &
le mettrés dans le mortier
pour le piler assez long-
temps: Ensuite maniés bien vôtre Savon pour en retirer les
petits morceaux qui n'auront
pas

pas été pilés ; remettés vôtre Savon dans le mortier & y mettés aussi deux livres de poudre d'amidon , une once d'essence d'Orange ou de Citron , & environ un demi septier d'eau de Macanet preparée de la maniere que je vous le diray bien-tôt, mêlés doucement le tout ensemble avec le pîlon, & ensuite pilés le tout assez long-temps pour bien mêler tout ensemble, & cela sera fait. Il ne s'agira plus que de rouler vôtre pâte de la façon que vous voudres pour en faire des Savonnettes & les laisser sécher, si vôtre pâte se trouve trop môle, il la faut laisser rafermir d'elle-même.

L'Eau de Macanet se fait ainsi. Vous pilerés quatre onces de Macanet dans le mortier, & le mettrés tremper dans une chopine d'eau du jour au lendemain,

en-

enfuite vous paſſerés cette eau
par un linge & exprimerés bien
le Maçanet, puis vous ferés détremper dans la même eau
deux onces de blanc de Ceruſe
que vous aurés miſe auparavant
en poudre, vous y ajoûterés encore une poignée de ſel & vous en
ſervirés comme j'ay dit.

Autre maniere.

LOrs que vous aurés pilé cinq
livres de Savon comme cy-devant, & retité les grumelots, vous
remettrés vôtre Savon dans le
mortier, & vous y ajoûterés
deux livres de poudre d'amidon,
environ un demi ſeptier d'eau de
Maçanet appreſté comme cy-devant, une cuilierée d'huile d'Aſ-
pic, une demi once d'Orange ou de Citron, & deux cuilierées de Storax liquide appreſté comme cy-aprés: Vous mê-
le-

lerés le tout doucement avec le pilon:enfuite vous le pilerés à grands coups jufqu'à ce que le tout foit bien mêlé & incorporé , & cela fera fait.

Le Storax liquide s'apprefte ainfi. Vous mettrés une once de Storax liquide dans une terrine avec un demi verre d'eau , & remuérés le Storax avec une cuilliere à mefure qu'il fondra, & étant fondu vous vous en fervirez comme il eft dit.

Autre manière.

FAites fondre cinq livres de Savon coupé bien mince, avec une pinte d'eau de Citron, & étant bien fondu paffés le tout dans un linge qni ne foit point trop fin, enfuite ajoûtés y deux livres de poudre d'amidon,une once d'effence d'Orange ou de Citron, deux onces de Cerufe détremtrempée dans un verre d'eau, vous petrirés bien vôtre pâte avec les mains , jusqu'à ce que le tout soit bien mêlé , & lors que vôtre pâte sera rafermie, vous roulerés vos Savonnettes de la grosseur que vous voudrés, & les mettrés sécher.

Pour faire l'éau de citron , vous couperés, par morceaux environ une demi douzaine de Citrons , vieux ou non , il n'importe, que vous ferés boüillir dans une pinte d'eau , l'espace d'une demi heure: Ensuite vous les exprimerés dans un linge & vous vous servirés de cette eau.

Savonnettes de Neroly.

VOus prendrés huit livres de Savon sec purgé comme il a esté enseigné cy-devant, & le mettrés dans un bassin : Vous y verserés de l'eau de fleurs d'O-

ran-

range ou de Roze jufqu'à la hauteur du Savon afin de le détremper. Vous aurés foin deux fois
le jour de remuer le deffus deffous jufqu'à ce que le Savon ayt
confommé l'eau & foit ramoly:
Et vous le laifferés ainfi jufqu'à
ce que vous le voyiez en état
d'être pilé, puis vous le pilerés
affez long-temps & vous le ma-
nierés bien aprés l'avoir pilé,
afin de retirer les grumelots qui
y refteront; vous remettrés vôtre
Savon dans le mortier, & y
ajoûterés une livre de Labdanum
en poudre bien fine, & deux onces d'effence de Neroly, vous
mêlerés doucement le tout enfemble avec le pifon, enfuite vous
pilerés affez long-temps pour
bien mêler & incorporer le tout,
& cela fera fait. Si la pâte fe trouvoit trop ferme vous y pouvés
verfer de l'eau de fleurs d'O-
range à difcretion, & la pâte en

D   fe-

fera trés-bonne, lors que la pâte
fera rafermie, vous roulerés vos
Savonnettes & les mettrez fécher.

Savonnettes de Bologne.

VOus prendrés trois paquets
de Savonnettes des communes
de Bologne, que vous pilerés
dans le mortier jusqu'à ce qu'elles foient mifes en miettes, &
les mettrés dans un baffin & y
verferés de l'eau d'Ange jusqu'à
la hauteur de la pâte & la laifferés tremper jusqu'à ce qu'elle
foit amolie, ce qui pourra être
dans deux ou trois jours, pendant lequel temps vous aurés
foin deux fois le jour de remuer
le deffus deffous, & lors qu'il
n'y aura plus d'eau & que la pâte
fera rafermie vous la pilerés affez
long-temps, puis vous la manie-
rés bien pour en tirer les grumelots

lots, & enfuite vous partagerés
vôtre pâte en deux pains égaux,
puis vous ferés ce qui fuit.

Vous prendrés un demi feptier
d'eau d'Ange & autant d'eau de
Roze, & vous mettrés dans le
petit mortier deux gros de mufc
avec un peu de la-ditte eau d'Ange
pour le dilayer, vous le pilerés
bien en ajoûtant toûjours de cette
eau, puis vous le pafferés par un
linge qui ne fera ny trop gros ny
trop fin : Enfuite vous ramafferés
avec une cuiliere le mufc qui
fera refté dans le linge, & le
pilerés derechef, y ajoûtant toûjours de l'eau, & vous continuerés jufqu'à ce que le Mufc ait
été paffé & confommé avec l'eau
d'Ange & l'eau de Roze, & le
linge fera lavé avec de la même
eau, afin qu'il n'y refte point de
mufc, & le tout étant bien mêlé
toute l'eau fera mife dans une
bouteille de verte pour s'en fer-

vir

vir comme vous verrés cy-aprés.

Vous prendrés un des deux
pains de pâte susdits que vous
mettrés en morceaux dans le
mortier ; vous mettrés dessus
une bonne poignée de poudre
de Labdanum passée bien fine,
demi once de beaume du Perou,
un bon filet d'essence de Neroly,
& environ un demi septier de la
susditte eau, vous mélerés bien
doucement le tout ensemble avec
le pilon : Ensuite vous pilerés le
tout assez long-temps pour
mêler la pâte, & elle sera faite. Et
tout ainsi que vous aurés fait
sur ce pain vous ferés sur l'autre,
& vous les mettrés ensemble bien
couverts environ deux jours, afin
de leur donner le temps de bien
prendre les odeurs ; & ensuite la
pâte étant rafermie vous les roulerés comme vous voudrés & elles
se-

feront faites , & vous les mettrés
fécher.

Savonnettes de Bologne, les meilleures.

IL faut prendre trois paquets
de Savonnettes de Bologne qu'il
faut piler & mettre tremper avec
de l'eau d'Ange jusqu'à la hauteur de la pâte, tout ainsi qu'aux
precedentes : & outre l'eau d'Ange ajoutez-y un demi septier de
lait virginal., & vous remuerés
cette pâte deux fois le jour le
deffus deffous, afin que le tout
fe détrempe bien , & l'eau ébûë &
la pâte rafermie, il la faudra piler
& enfuite la manier pour en retirer
les grumelots, & le tout étant bien
reduit en pâte il en fera fait deux
pains égaux, puis vous ferez ce
qui fuit.

Vous pilerés demi onçe de
Mufc dans le petit mortier avec
de l'eau d'Ange, tout comme

D. 3. il

il est enseigné dans les Savonnettes précedentes : & enfin vous consommerez vôtre Musc le pilant & passant par un linge avec un demi septier d'eau d'Ange, & autant d'eau de Roze, puis vous vous en servirés comme il suit.

Vous prendrés un des deux pains de pâte que vous mettrés par morceaux dans le mortier, & vous mettrés par dessus ce pain deux onces de baume du Perou, un bon filet d'essence de Neroly, une bonne poignée de poudre composée ; sçavoir un tiers de poudre fine à la Maréchalle, un tiers de poudre de racine de Campanne, & un tiers de Labdanum en poudre, & un demi septier de l'eau susditte composée avec le Musc : vous mêlerés bien tout ensemble & le pilerés assez long-temps : & la pâte sera faite, l'odeur en est fort agreable. Vous roulerés vos Savonnettes lors que

vô-

vôtre pâte fera ferme, & tout
ainfi que vous aurez fait fur ce
pain de pâte vous ferés fur l'autre.

Savonnettes bien Parfumées.

VOus prendrés trois paquets
de Savonnettes communes de
Bologne, vous les cafferés au
mortier, & les mettrez tremper
avec de l'eau d'Ange & du lait
Virginal, comme les précedentes de Bologne, & étant repilées
& mifes en pâte, vous les partage-
rez en deux pains égaux, puis vous
ferez une compofition comme
il fuit.

Vous broyerez demi gros de
Civette dans le petit mortier avec
2 onces de baume du Perou que
vous y mêlerez peu à peu: Vous
y ajoûterez deux gros d'effence
d'Ambre, un bon filet d'effence
de Canelle, autant de celle de
Girofle, vous mêlerez bien le

D 4   tout,

tout enſemble & le mettrez à part
pour vous en ſervir comme vous
verrez cy-aprés.

Vous mettrés dans le mortier
un de vos pains de pâte rompus
par morceaux, vous mettrez
deſſus deux poignées de poudre
compoſée ; ſçavoir un tiers de
poudre de Labdanum, un tiers
de poudre fine à la Maréchalle,
& un tiers de poudre de racine
de Campanne, vous y mettrez
auſſi la moitié de la ſuſditte
compoſition, & un demi ſeptier
d'eau de mille fleurs, & une
demi once d'eſſence de Neroly, &
vous mêlerez bien le tout enſemble, & lors que vous aurez pilé
aſſez long-temps pour bien incorporer le tout, la pâte ſera
faite. Vous en pourrez faire autant ſur l'autre partie de pâte.

A v

Autre maniere.

VOus prendrés trois paquets de Savonnettes comme cy-devant que vous cafferés au mortier & ferez détremper & remettrez en pâte comme les précédentes, & le tout étant partagé en deux pains égaux, vous en mettrez un dans le mortier rompu par morceaux, vous y ajoûterez une poignée de poudre de Labdanum, une poignée de marc d'eau d'Ange en poudre, une once de baume du Perou, une demi once d'effence de Neroly, & un demi feptier d'eau de mille fleurs : vous mêlerez doucement le tout avec le pilon, & enfuite vous pilerez affez long-temps & cela fera fait. Vous en pourrez faire autant fur l'autre partie de pâte.

On fçaura que les perfonnes

D 5 qui

qui n'auront pas la commodité
d'avoir des paquets de Savonnettes de la pâte de Bologne se
pourront servir de Savon purgé,
comme je l'enseigne au commencement de ce Traité ; il sera fort
bon pour faire toutes les Savonnettes que l'on voudra faire, on
en pourra prendre quatre livres
ou un peu plus si on veut à la
place de chaque paquet, & au
deffaut des poudres qui font
comprifes dans les compofitions
des Savonnettes dont j'ay parlé
cy-devant, fe pourront servir de
marc d'eau d'Ange paffé bien fin
par le Tamis, & elles ne feront pas
moins bonnes, & fur tout que
toutes les poudres que l'on y
mettra foient bien fines.

§. I. Lait Virginal très-bon.

VOus mettrés dans une bouteille de gros verre une pinte
d'ef-

d'esprit de vin , & une pinte
d'eau de vie , une demi-livre de
Benjoin concassé , un carteron
de Storax concassé , une demi-
once de clou de Girofle bien pilé ,
une once de Canelle bien pilée ,
quatre Muscades concassées : le
tout étant dans la bouteille, vous
la boucherez bien & l'exposerez au
Soleil posée sur du sable dans la
chaleur de l'Eté , l'espace d'un
Mois, & il sera fait. Vous aurez
soin de la retirer de la pluye, &
observerés que la bouteille soit
assez grande afin qu'il y reste au
moins quatre doigts de vuide,
car autrement l'esprit de vin étant
échaufé ne manqueroit pas de la
faire casser.

S'il ne vous sembloit pas assez
rouge au bout du temps marqué
cy-dessus, quoy qu'il le doive ê-
tre assez, il ne faudra alors, que
broyer dans le petit mortier
gros comme une feve d'Orca-

net

net , & lé dilayer avec du même lait Virginal, vous le verserez dans la bouteille & remettrez
deux ou trois jours au Soleil &
il fera fait.

VOus choifirés des Eponges
toutes les plus belles & les
plus fines, & vous couperés ce
qui peut être autour qui n'y convient pas. Vous les mettrés enfuite
tremper dans de l'eau pendant
quelques heures , puis vous les
laverés & frotterés bien en les
changeant d'eau tant de fois que
l'eau demeure claire. Puis vous
les mettrés fécher , & étant féches vous les mettrés tremper
dans de l'eau d'Ange , ou bien
dans de l'eau de fleurs d'Orange dans laquelle vous aurez
verfé un filet d'Eſſence d'Ambre,

bre, & aprés y avoir trempé du
jour au lendemain vous les retirerés de l'eau fans les trop exprimer & les mettrés fécher, & elles
feront faites.

TRAITE'

DES ESSENCES ET
Huiles parfumées aux fleurs.

*Maniere de faire les Effences de
fleurs.*

Les fleurs quoy que differentes n'apportent pas plus
de difficulté les unes que les
autres à faire les Effences, car
lors que l'on en fait bien d'une
fleur on en fait bien de toutes les
autres: Voici une maniere genera-
le pour toutes les fleurs qui ont de
l'odeur.

Il faut avoir une caiffe de telle
gran-

grandeur que l'on voudra, le dedans de laquelle sera garny de fer blanc, afin que le bois n'offense pas l'odeur des fleurs & ne boive pas l'Essence qui pourroit égouter.

Il faut avoir des chassis c'est-à-dire des cadres de bois qui puissent entrer sur leur plat aisément dans la caisse : le bois en sera de deux doigts d'épaisseur & tout autour du dit chassis il y aura des pointes d'éguilles.

Il faut aussi avoir autant de toiles que de chassis, ces toiles seront à peu prés comme une serviete & un peu plus grandes que les chassis, afin de les pouvoir piquer tout autour desdits chassis pour les tenir étendues dessus, ainsi il est aisé par cette explication de proportionner les toiles aux chassis & les chassis à la caisse.

Ces toiles doivent être de toi-

toile de cotton , & qu'elles ayent
été à une bonne leſſive, & enſuite bien lavées dans de l'eau bien
claire , & qu'elles ſoient bien ſéches.

Vous trempérés vos toiles en
huile de Ben , & leur laiſſerez
boire toute l'huile qu'elles pourront boire : vous les exprimerez
un peu , afin que l'huile ne dé-
goûte pas , enſuite vous les é-
tendrez ſur vos chaſſis par le
moyen des éguilles qui ſont autour. Vous mettrez le premier
chaſſis au fond de la caiſſe &
des fleurs de Jaſmin, ou des
fleurs d'Orange , ou enfin celle qu'il vous plaira, que vous
ſemerez également dans le chaſſis ſur la toile, & remettrez un
artre chaſſis par deſſus , vous
continuerez ainſi juſqu'à ce que
vous ayez mis tous vos chaſſis,
ou que vôtre caiſſe ſoit pleine.

Comme je vous marque que
les

les chaſſis ſoient de l'épaiſſeur
de deux doigts, il s'enſuit que les
fleurs qui ſe trouvent entre
deux chaſſis, ne ſont point preſ-
ſées : & par ce moyen chaque toile a des fleurs deſſus & deſſous.
Vous laiſſerez vos fleurs dans les
chaſſis pendant 12. heures. C'eſt à
dire les ayant miſes le matin vous
les retirerez le ſoir & en remettrez de fraîches, & celles du ſoir
vous les changerez le lendemain
matin, vous continuerez ainſi
pendant quelques jours ; juſqu'à
ce que l'odeur vous en paroiſſe
aſſez forte.

Vous léverez alors vos toiles
de deſſus les chaſſis, & vous les
plierez en quatre, & puis les
ayant roulées & liées de pluſieurs
tours avec une ficelle, afin qu'elles
ne s'étendent pas trop, vous les
mettrés dans la preſſe pour en tirer
l'huile qui eſt l'eſſence en queſtion.

Il faut que la preſſe de laquelle

quelle vous vous servirez soit
garnie de fer blanc, afin que
l'essence ne s'attache pas au bois.
Vous mettrez des vaisseaux bien
propres sous la presse pour recevoir l'essence, que vous mettrez
ensuite dans des phioles ou bouteilles de verre, & elle sera faite.

On remarquera qu'il ne se
peut faire dans une caisse que
l'essence d'une fleur à la fois :
car l'odeur de l'une corromproit
l'autre ; & les toiles qui auront
servi à tirer l'odeur d'une fleur,
ne pourront servir pour une autre, qu'elles n'ayent été à la
lessive, & qu'elles n'ayent été
bien lavées en l'eau claire & qu'elles ne soient bien séches.

Essence de Mille-fleurs.

L'Essence de Mille-fleurs est
composée d'une partie d'essence de toutes les fleurs, que
l'on

l'on mêle ensemble, mettant un
peu plus de celle qui a l'odeur
foible, & un peu moins de celle qui a l'odeur plus forte : & enfin faisant en-sorte de les assortir
si bien, que l'on ne puisse connoître celle qui domine, & elle
sera faite.

Huile d'Olive parfumée aux fleurs.

L Huile d'Olive dont on se sert
doit être de la meilleure & de
la plus fine que l'on puisse trouver, & c'est celle que l'on appelle huile Vierge, elle ne sent
presque rien d'elle-même, ainsi
elle prend assez bien l'odeur des
fleurs. Il n'y a point d'autre
façon pour luy donner l'odeur
que de faire comme l'on a dit à
l'Article des Essences.

Huile d'Amande douce parfumée, & pâte pour laver les mains.

VOus péleres en l'eau chaude telle quantité que vous voudrés d'Amandes douces, vous les mettrez essuyer à l'air, étant séches vous les pilerez grossiement, pour les pouvoir passer au crible. Vous les mettrés dans une caisse qui sera garnie de fer blanc ou de papier, vous ferez un lit de vôtre poudre d'Amande épais d'un doigt, & par dessus un lit de fleurs de celles que vous voudrez, puis un autre lit d'Amande & par dessus un lit de fleurs, & vous continuerez ainsi jusqu'à ce que vous ayez employé vos fleurs & vôtre poudre d'Amande. Vous y laisserez vos fleurs du matin au soir, ou si vous n'en avez pas en abondance, vous
les

les y laisserez vingt-quatre heures, & les retirerez aves le crible, & en remettés de fraiches, vous ferez ainsi jusqu'à ce que vous sentiez que vos Amandes ayent bien pris l'odeur : Ensuite vous aurez des toiles fortes, grandes d'un quartier en quarré, qui ayent été à la lessive, & qu'elles soient bien séches : Vous mettrés vos Amandes dedans & vous en feres ainsi des paquets, vous en mettrés deux ensemble plis contre plis, dans la presse pour en tirer l'huile, qui ne manquera pas d'avoir l'odeur que vous luy aurez donnée, & outre cela les pains d'Amande que vous aurez auront aussi l'odeur des fleurs. Cela est fort bon pour laver les mains, il faut seulement les piler au mortier & les passer dans un sas, & s'en frotter les mains avec de l'eau tiede, de°, on y peut mêler si l'on veut un peu de poudre d'Iris, c'est cette pâte qu'on appelle pâte de Provence, ou pâte de Jasmin ou de fleurs d'Orange.

Il faut observer que tant pour les Essences que pour les Huiles, les toiles ou la pâte doivent demeurer dans la presse du moins trois heures pour rendre leurs huiles.

Essence de Neroly.

L'Essence de Neroly se trouve sur l'eau de fleurs d'Orange, parce qu'elle sort du fruit qui est dans la fleur, & il ne se tire de cette Essence que par petite quantité, ainsi il faut faire beaucoup d'eau pour en avoir une once. Voicy comment on la recüeille, lors que vôtre eau de fleurs d'Orange se distile, il la faut recevoir dans une bouteille

ou

ou matras, qui ait la panse groffe & le goulot fort long & é-
troit, & lors que la bouteille
eſt pleine d'eau, il la faut laiſſer repoſer & la boucher : &
comme l'eſſence eſt la plus legere, elle ne manque pas de mon-
ter au deſſus de l'eau , & ainſi
étant à l'extremité du goulot de
la bouteille, il eſt aiſé de la ver-
ſer dans une autre:elle paroit verte dans le commencement, mais
lors qu'elle a éte un peu gardée,el-
le eſt rouge.

Comme il ne ſe peut en re-
tirant l'eſſence que l'on n'y mêle
de l'eau, il faut pour les ſeparer
mettre l'eſſence avec l'eau qui
s'y trouve mêlé dans une mo-
yenne phiole de verre, & boucher le goulot avec le pouce &
la renverſer de haut en bas, &
comme l'eſſence eſt legere, elle re-
monte en haut, & pour lors vous
lâchez un peu le pouce pour
laiſ-

laisser sortir l'eau doucement, &
l'eau étant sortie vous serrez le
pouce pour retenir l'essence qui
reste seule.

Essence de Cedra ou Berga-motte.

L'Essence de Cedra se tire
d'un Citron produit par une
branche de Citronnier, qui est
entée dans le tronc d'un Poi-
rier de Berga-motte, ainsi le
Citron qui en provient tient des
deux qualitez, & pour en tirer
l'essence on coupe de petits morceaux d'écorce de ces Citrons, que
l'on presse avec les doigts dans
une bouteille ou bombe de verre, ou l'on peut seulement entrer
la main pour presser le zest comme l'on fait de celuy d'Orange dans une tassée de vin, ainsi par la quantité l'on a de l'essence.

Essence d'Orange forte , ou de Petit-grain.

VOus mettrés une quantité telle que vous voudrez de petites Oranges qui ne soient pas trop meures dans l'Alambic au refrigeratoire avec de l'eau , & vous recevrez la distilation dans un matras ou bouteille de verre à long goulot , & étant reposé, l'essence se trouvera dessus. Il la faudra retirer de dessus l'eau, & la serrer dans des phioles de verre & les bien boucher.

Au Traité de la distilation des eaux, vous trouverez la maniere de gouverner l'Alambic.

Essence de Citron.

L'Essence de Citron se fait de la même maniere que l'essen-

sence d'Orange forte ; il faudra
seulement couper les Citrons
par la moitié , & les mettre
dans l'Alambic au refrigeratoire
avec de l'eau , & recevoir la
distilation comme il est dit cy-
devant , & retirer l'essence de
même. Je ne prescris pas la
quantité de Citrons ny d'Oranges , il est aisé à juger qu'il
faut qu'il y ait de l'eau suffisamment pour les faire bouillir, sans
brûler, il faut aussi qu'il y ait du
fruit suffisamment pour produire
de l'essence.

§. I. *Cire blanche pour la Barbe.*

VOus mettrez quatre onces
de Cire blanche , & deux onces de pommade de Jasmin,
ou autre odeur fondre ensemble dans une terrine sur un ré-
chaut de feu, les remuant dou-

cement , & étant fondües vous
y verferez une cuilierée d'eſſence de Citron ou d'Orange forte
& les ayant mêlées vous emplires
vos moules , & tout auſsi - tôt
vous les mettrés tout debout dans
un autre vaiſſeau , dans lequel
il y aura de l'eau froide pour
les faire prendre , & étant refroi-
dis ils feront faits.

Les moules à Cire font de fer
blanc de la grandeur du bâton
de Cire, & par un bout ils ont
un couvercle ou aboiture comme un étuy, & lors que la Cire eſt refroidie, on tire le couvercle & l'on pouſſe le bâton
du bout du doigt pour le faire
fortir.

Cire noire.

Dans la même compoſition
cy - deſſus , il ne fau-
dra qu'y mêler pour fix deniers
de

de noir de fumée, & elle sera noire.

Cire grise parfumée.

DAns la composition de la cire blanche, vous y mêlerés, deux cuilierées de poudre fine à la Maréchalle, & elle sera grize.

Autre maniere.

DAns la composition de la cire blanche, vous y mêlerés deux cuilierées de marc d'eau d'Ange en poudre bien fine, & au lieu d'essence d'Orange forte, ou de Citron, vous y mêlerez un bon filet d'essence d'Ambre ou de Neroly & vous emplirez vos Moules.

TRAITÉ

DES POMMADES.

Pommade Parfumée aux Fleurs.

Vous prendrés la quantité que vous voudrés de panne de Porc & vous la mettrés tremper dans l'eau tout en morceau comme elle est tirée du Porc, & la changerés d'eau de trois en trois heures pendant quatre jours, mais vous aurez soin pendant les deux derniers jours de la paîtrir dans l'eau avec une cuiliere à chaque fois que vous la voudrés changer d'eau, ensuite vous la retirerez de l'eau, & l'égouterés bien : & vous la mettrez fondre doucement sur le feu dans un pot

de

de terre neuf vernislé, la remuant doucement, afin qu'elle ne grille pas; & étant toute fonduë vous verlérés vôtre Pommade dans un bassin plein d'eau, remuant toûjours l'eau & la Pommade ensemble avec une Spatule, sans discontinuer jusqu'à ce qu'elle soit tout-à-fait refroidie & congelée dans l'eau. Pour lors vous verlérés l'eau dehors & & continuerez à bàtre & remuer vôtre Pommade qui peu à peu rendra toute l'eau qui y sera mêlée, & enfin, jusqu'à ce qu'il n'y en reste plus ; puis vous laisserés réposer votre Pommade quelques heures & vous ferés ce qui suit.

Vous appareillérés des Plats d'étaim ou autres deux à deux de pareille grandeur, ensuite vous étendrés votre Pommade dans chaque plat de l'épaisseur d'un doigt & dans l'un vous y semerez les

fleurs

fleurs dont vous voudrez donner l'odeur, en-sorte qu'il y en ait par tout également & le couvrirez de son pareil. Ainsi les fleurs ne seront point pressées & donneront l'odeur à tous les deux.

Vous y laisserés les fleurs du matin au soir, ou si elles ne vous sont pas communes, vous les y laisserez vingt-quatre heures, & vous les retirerez & releverez vôtre Pommade & la mêlerez un peu, ensuite vous l'étendrez de nouveau & remettrez des fleurs fraîches comme la premiere fois : vous continuerez ainsi pendant quelques jours le soir & le matin, jusqu'à ce que vous la trouviez assez forte d'Odeur, & elle sera faite. Il la faudra serrer dans des pots de verre.

Il n'y a que la Pommade de Jasmin, fleurs d'Orange, & Tube-

Tubereufe, qui fe puiffe faire
bonne & qui fe puiffe garder,
les autres fleurs font trop foi-
bles pour y donner une odeur
qui dure long-temps.

Pommade pour rafraîchir le teint &
ôter les rougeurs du vifage.

PRenés une demi livre de panne de Porc mâle, & la mettés tremper dans l'eau pendant
plufieurs jours, la changeant
fouvent d'eau comme il eft expliqué à l'Article cy-devant, &
lors que par ce moyen vous aurez
bien fait blanchir cette panne,
vous la mettrés dans un pot de
terre neuf verniffé avec deux
pommes de renette coupées
par morceaux fans peler, & u-
ne once des quatre femences
froides pilées, vous mettrés le
pot devant le feu, & ferés cuire la ditte Pommade l'efpace
E 4 d'un

d'un quart d'heure : enfuite vous la retirerés du feu & vous y mêlerés une once d'huile d'amande douce, puis vous la pafferés par un linge bien ferré, & laifferés tomber la coulature en eau claire: vous remuerés la Pommade & l'eau avec une fpatule de bois, jufqu'à ce qu'elle foit prife & congelée dans l'eau, puis vous verferés l'eau & remuerez encore la pommade, pour en faire fortir toute l'eau qui y fera reftée, & elle fera faite.

Autre Pommade pour le vifage très-bonne.

VOus prendrez quatre onces de Panne de Porc mâle, que vous feres blanchir en la faifant tremper plufieurs jours, & la changeant fouvent d'eau comme j'ay dit cy-devant, & étant bien blanche, vous verferez l'eau &

l'é-

l'égouterez bien & la mettrés à
part.

Vous mettrés ensuite pour un
sol de ciré vierge, & pour deux
sols de nature de Baleine, & deux
onces d'huile d'Amande douce fondre ensemble dans une terrine sur la cendre chaude, sans les faire boüillir, & pendant qu'ils fon-
dront vous les remuerez avec une
spatule de bois pour les bien incorporer ensemble, puis vous ferez
fondre doucement la panne de
Porc mâle que vous aurés preparée, & vous la verserés dans la
susditte composition, vous les
mêlerés bien ensemble avec la spatule, puis vous verserez le tout
dans un vaisseau plein d'eau : vous
remuerez la Pommade & l'eau
avec la spatule, jusqu'à ce que la
Pommade soit prise & congelée :
pour lors vous la changerés d'eau
tant de fois en continuant à la
battre avec la spatule qu'elle

demeure bien blanche, & elle sera faite.

Autre Pommade très-fine pour le visage.

VOus prendrez deux onces
d'huile d'Amande douce tirée
sans feu, demi once de cire vierge, pour quatre sols de nature
de Baleine, vous mettrez fondre
le tout ensemble dans un plat de
terre neuf vernissé, sur un rechaut dans lequel il y aura seulement de la cendre chaude, & vous
remuerez doucement la cire avec
une spatule de bois, pour bien
mêler & incorporer le tout ensemble, vous ôterez ensuite vôtre
composition de dessus le feu &
vous y verserez peu à peu de l'eau
bien claire, en battant vôtre composition avec la spatule; & vous
continuerez ainsi jusqu'à ce que
le plat soit plein & la Pommade
pri-

prise & congelée dans l'eau, car
il faut qu'elle nage à grande eau,
& l'ayant ainsi battuë dans cette
premiere eau assez long-temps,
vous la verserez & en remettrés de
nouvelle en la battant toûjours
jusqu'à ce qu'elle demeure bien
blanche : pour lors elle nagera sur
l'eau. Vous la rétirerez avec la spatule & la battrés sans eau jusqu'à ce
qu'elle soit blanche en perfection, & lorsque l'eau sera sortie
de la Pommade, vous y mêleres
gros comme un petite noix de
borax passé bien fin, & pour
quinze sols de semence de perle
fine en poudre bien fine aussi,
& le tout étant bien mêlé, elle
sera faite.

Pommade pour les levres.

VOus prendrez quatre oncès
de beurre frais, & du meilleur, & une once de cire vier-
E 6   ge,

ge : vous les mettrez fondre ensemble & étant fondus vous y jetterez les grains d'une grape de
raisin noir : vous ferez bouillir
le tout un quart d'heure, pendant ce temps vous écraserez les
grains de raisin avec une cuiliere,
ensuite vous passerez vôtre Pommade par un linge assez fin, afin
de retirer le raisin : vous remettrez vôtre Pommade sur le feu
& vous y verserez deux cuilierées
d'eau de fleurs d'Orange, &
vous la ferez encore bouillir un
bouillon, puis vous écraserez
dans une écuelle gros comme
une feve d'Orcanet, que vous
délayerez avec un peu d'eau de
fleurs d'Orange & le verserez
dans vôtre Pommade, & la mêlerez bien avec la cuiliere, & la
retirerez du feu, & elle sera faite;
& lors qu'elle sera refroidie,
vous la mettrez dans des pots
ou boîtes.

Cet-

Cette pommade se garde deux ans toûjours bonne, & est trés-souveraine pour guérir les lévres fenduës & jarfées, & elle est d'une trés-belle couleur.

§. I Pâte d'Amande liquide pour laver les mains sans eau.

VOus prendrez une livre d'Amande amere que vous pélerez à l'eau chaude, & vous les laifferez sécher, puis vous les pilerez dans le mortier de marbre assez long-temps, afin qu'il n'y reste point de grumelots; & vous y verferez un peu de lait; afin de les lier en pâte, & les mettrez à part.

Vous pilerez ensuite de la mie de pain tout du plus blanc, la groffeur d'un pain d'un fol, avec un peu de lait assez long-temps pour la bien reduire en pâte; vous mettrez ensuite dans le mor-

mortier la pâte d'Am^ le avec
celle de pain , & y ,oûterez
dix jaunes d'œufs, defquels vous
aurez ôté les germes, & vous
pilerez bien le .tout enfemble y
verfant peu à peu du lait en remuant toûjours & délayant la
pâte : vous y mettrez ainfi trois.
chopines de lait ., vous verferez
le tout dans un chauderon & le
mettrez fur le feu la faifant bien
boüillir. Vous ne ceſſerez de la
remuer ou tourner avec une cuiliere juſqu'à ce qu'elle foit cuite.
Elle ne fera guere moins d'une
heure à cuire & vous connoîtrez
la cuiſſon en ce qu'elle s'épaiſſira.

§. II. *Opiat en poudre pour nettoyer
les dents.*

VOus prendrez une demi livre
de brique que vous pilerez
au mortier & la paſſerez bien fine
par le Tamis, la mettrez à part,
                              qua-

quatre onces de porcelaine que
vous mettrez en poudre de la
même maniere que la brique,
une once de corail que vous
pilerez & mettrez aussi en poudre:
vous mêlerez vos trois poudres
enfemble ; vous y verferez enfuite un filet d'essence de Canelle, autant de celle de Girofle &
mêlerez bien le tout enfemble, &
il fera fait.

Autre maniere.

PRenez une demi livre de brique, quatre onces de porcelaine, & demi once de canelle,
& pilés le tout enfemble & la
paffés au Tamis bien fin, jufqu'à
la confommation du tout ou à peu
prés, & il fera fait.

Autre maniere.

PRenez un demi livre de brique,
quatre onces de porcelaine, une
on-

once de Corail , deux gros de
Canelle, un gros de clou de
Girofle, deux gros d'Alum cal-
ciné, demi once de croûte de
pain brûlé, une once de Con-
ferve de Rofe, vous pilerez le tout
enfemble, & le pafferez au Tamis
bien fin , & il fera fait.

Opiat liquide.

POur faire l'Opiat liquide il
se faut fervir de Sirop de griottes,parce qu'il ne fe defféche pas:
vous mettrez donc du Sirop de
griottes la quantité que vous
voudrez dans un pot de fayance,
& vous mettrez dans ce Sirop à
difcretion de l'Opiat en poudre,
de celuy que vous voudrez, &
le mêlerez bien avec une fpatule,
& s'il vous femble trop liquide
vous augmenterez la poudre,
que s'il vous paroît trop épais
vous fy ajoûterez du Sirop, &

étant bien mêlé, il fera fait.

Lors que vous voudrez vous en fervir vous eu mettrez dans un petit pot de fayance, & vous y ajoûterez fi vous voulez un petit filet d'effence d'Ambre, ou de Girofle, ou de Canelle, & il fera d'une odeur & d'un goût fort agreable.

TRAITE'

DES PARFUMS BONS
pour la bouche.

Effence d'Ambre.

VOus mettrez dans une bouteille de gros verre une chopine d'efprit de vin tout du meilleur, vous pilerez enfuite dans le petit mortier un gros d'Ambre gris ou noir, & le mettrez dans l'efprit de vin : vous y met-

mettrez aussi un demi gros de
vessie de Musc coupé bien menu:
ensuite bouchés bien la bouteille
& la mettez au Soleil posée sur
du sable dans les chaleurs de
l'Eté, & pendant quinze jours
vous remuerez bien la bouteille
deux ou trois fois par jour, dans
le temps que le Soleil donnera
dessus, afin que l'Ambre ne s'attache pas au fond, mais au
contraire qu'il se fonde & qu'il
repande son odeur dans l'esprit
de vin : vous aurez soin de retirer la bouteille de la pluie & le
sable aussi sur lequel elle sera
posée, car le sable étant échaufé
aide beaucoup à cuire les compositions que l'on expose au
Soleil ; vous observerez aussi de
laisser au moins trois doigts de
vuide à la bouteille, pour éviter
qu'elle ne casse par la force de
l'esprit de vin, & au bout d'un
mois vous la retirerez, & elle sera
faite.

faite. On choisit ordinairement le temps de la canicule pour faire cette Essence.

Si vous en voulés moins faire, vous pouvés diminuer ce qui la compose par moitié; ou par quart, ou huitiéme partie, & pour l'augmentation de même,

Essence d'Hypocras.

VOus mettrez une demi chopine d'esprit de vin dans une bouteille de gros verre, ensuite vous y mettrez une demi once de clou de Girofle concassé, une once de Canelle concassée, un gros de Gingembre concassé, & une bonne pincée de Coriandre concassée aussi, ensuite vous pilerés dans le petit mortier trois ou quatre grains d'Ambre gris ou noir, & les mettrez dans la bouteille; bouchez la bien & l'exposés au Soleil posée sur du sable dans les
cha-

chaleurs de l'Eté pendant un mois; vous aurez soin de la retirer de la pluie, & laisserez au moins deux doigts de vuide à la bouteille pour éviter qu'elle ne casse, & au bout du temps vous la retirerez pour vous en servir au besoin.

Cachou Ambré pour la bouche.

VOus pilerez quatre onces de Cachou & dix grains de Musc ensemble dans le mortier & les passerez au Tamis de crin, repilant ce qui ne sera pas passé & le repassant jusqu'à la consommation du tout, vous ferez ensuite chaufer le cu du petit mortier & le bout de son pilon, & délayerez par la chaleur dudit mortier dix-huit grains d'Ambre gris, y ajoûtant un filet d'essence d'Ambre & gros comme une grosse noix de gomme Adragant, qui au-

aura été détrempée avec de l'eau
de fleurs d'Orange, & délayant
ainsi le tout ensemble, vous y mettrez peu à peu vôtre poudre de
Cachou, vous la mêlerez assez
long-temps & la pilerez bien, afin
que l'Ambre soit mêlé partout : &
la pâte étant bien faite vous le for-
merez promptement.

Pour le former vous en prendrez un morceau gros comme une
noix dans la main, & le ferez
pointu par le bout & vous en
prendrez une petite miette à la
fois, que vous tordrés avec
deux doigts, & enfin vous le ren-
drez comme de petites crottes
de souris, & pour empêcher qu'il
ne s'attache à vos doigts en le
formant, vous les froterés un
peu avec de l'essence de fleurs
d'Orange.

Pastilles de bouche parfumées.

VOus prendrez une livre de sucre Royal que vous pilerez
dans le petit mortier avec douze
grains de Musc, & ensuite vous
le passerez au Tamis de crin, &
vous repilerez ce qui sera resté,
& vous le repasserez jusqu'à ce
que le tout soit passé & consom-
mé ; puis vous ferez détremper
dans de l'eau de fleurs d'Orange
une petite poignée de gomme A-
dragant du jour au lendemain, &
la passerez de force au travers
d'un linge qui ne sera ny trop gros
ny trop fin. Vous mettrez ensuite vôtre gomme dans vôtre sucre
en poudre, y ajoûtant deux gros
d'essence d'Ambre, & manierez
bien le tout ensemble pour former la pâte. Vous l'aplatirés avec
un rouleau & taillerez vos Pastilles à vôtre gré, & à mesure qu'elles

les seront taillées vous les mettrez sécher sur un papier à l'air. Si c'est l'Eté vous les couvrirez d'un autre papier de peur des Mouches, & ne les serrez pas qu'elles ne soient bien séches.

Les moules dont on se sert pour tailler les Pastilles sont de fer blanc ; ils sont faits comme si c'é-toit un cornet ou étuy à mettre le doigt ; de sorte qu'appuyant par un bout sur la pâte qui est mince, en tournant le moule, la Pastille demeure dedans & en souflant par l'autre bout elle sort du moule.

Hypocras excellent & parfumé.

PRenez une demi livre de sucre & le cassez ou le rapez & le mettez dans un bassin, en-suite versez sur le dit sucre une pinte de vin ; le plus vieux & le plus foncé en couleur est le meilleur, remués dou-

doucement vôtre sucre avec une
cuiliere pour le faire fondre, &
étant fondu paſſés vôtre vin par la
chauſſe cinq ou ſix fois, étant cla-
rifié verſez-y un petit filet d'eſſence d'Hypocras & le remués avec
la cuiliere. Goûtés s'il eſt aſſez
fort, & s'il ne l'eſt pas, verſez-y
encore quelques larmes de vôtre
eſſence, & il ſera fait. Vous
le verſerés promptement dans une
bouteille qui ſera bouchée à l'in-
ſtant, afin qu'il ne s'évente pas.
La maniere en eſt prompte, & il
eſt meilleur que l'on ne le peut
faire par infuſion.

Roſſoly ou liqueur parfumée.

VOus mettrés dans une baſ-
ſine de cuivre rouge ſur le
feu deux pintes d'eau, & deux
livres de ſucre que vous ferés
bouillir juſqu'à la diminution
d'un quart. Enſuite vous y verſerés

rés deux cuillérées d'eau de fleurs
d'Orange, & ayant encore bouil-
li un moment vous y jetterez un
blanc d'œuf avec la coquille, que
vous aurez auparavant rompuë
& foüettée avec un brin de verge:
vous remuerés bien le blanc d'œuf
dans vôtre liqueur avec le brin
de verge, & lors qu'elle commencera à bouillir vous la tirerés
du feu & la passerés par la chauf-
se plusieurs fois, & étant clari-
fiée vous y verserez de bonne eau
de vie à discretion selon la force
que vous luy voudrés donner,
Puis vous y verserés de l'essence
d'Ambre selon vôtre goût, plus
ou moins, ou bien de l'essence
d'Hypocras, & elle sera faite.

Ambre liqueur Parfumée.

FAitez fondre une livre de sucre
dans une pinte de vin vieux
comme si vous vouliez faire de l'-

F   Hy-

Hypocras, & la passés par la chauffe plusieurs fois. Ensuite versés y de bonne eau de vie à discretion selon la force que vous luy voudrez donner. Puis versés y de l'essence d'Hipocras ou de l'essence d'Ambre à discretion selon vôtre goût, & elle sera faite.

TRAITÉ

DES EAUX DE SENTEUR.

Eau d'Ange bouillie.

Dans un coquemart de terre où vous aurés mis trois pintes d'eau, vous y mettrez une livre de Benjoin concassé, une demi livre de Storax concassé, une once de Canelle pilée, demi once de clou de Girofle pilé, deux Citrons coupés en quatre, deux ou trois morceaux de
Ca-

Càlamus. Ensuite vous mettrez
le coquemart auprés du feu, &
le couvrirés & le ferés bouillir
jusqu'à la diminution d'un quart,
puis vous verserés l'eau dans un
baffin & la laisserés refroidir avant
que de la serrer dans des bouteilles.

Si vous avez besoin de plus
grande quantité de cette eau, rem-
plissés le coquemart comme la premiere fois , & la faites bouillir
de même , cette seconde eau sera
presque aussi bonne que la premiere & vous les pourrez mêler ensemble.

Ensuite vous rétirerés le Marc
qui sera au fond du coquemart
avant que d'ètre refroidy & le mettrés sécher, vous en ferés ensuite
des Pastilles comme vous verrés
dans les articles suivans, ou vous
vous en servirés dans les compositions où il est necessaire, ainsi
que je l'ay dit dans le traité des
Savonnettes.

Autre Maniere.

VOus mettrés dans le Coquemart trois chopines d'eau de
fleurs d'Orange & trois chopines
d'eau de Rofez, vous y mettrés
enfuite les mêmes drogues & la
même quantité qu'à l'eau d'Ange précedente, à la referve du
Citron qu'il ne faut pas : vous y
ajoûterés de plus une veffie de
Mufc ; vous la ferés cuire de
la même maniere, & aprés avoir ti-
ré l'eau vous tirerés le marc, & le
mettrez fécher pour en faire des
Paftilles à brûler.

Eau de mille-fleurs.

VOus mettrés dans une bouteille de verre une pinte de
bonne eau d'Ange, vous pilerés
enfuite douze grains de Mufc
dans le petit mortier & le délayerez

rez avec un peu de cette eau d'Ange, & verſerés le tout dans la bouteille que vous boucherés bien
& que vous réſerverés pour le beſoin.

Vous pourrez au lieu de Muſc
y mettre un grós de veſſie de Muſc
coupée par petits morceaux & elle ſera bonne.

Eau d'Ange diſtilée au bain-marie.

IL faut avoir un Alambic de
verre, qui eſt de trop pieces;
ſçavoir la bombe, le chapiteau,
& le matras, il faut auſſi un four-
neau pour y faire du feu de char-
bon & un chaudron ou autre vaiſſeau ſemblable aſſez profond pour
mettre l'eau & l'Alambic : vous
coletez du papier double au tour
de la bombe, à l'endroit où poſe
le chapiteau, & vous poſerez le
matras au bout de la canule pour
recevoir la diſtilation.

F 3   Vous

Vous mettrés dans la bombe une pinte d'eau, vous y mettrez enfuite quatre onces de Benjoin concaffé , deux onces de Storax concaffé, demi once de Canele pilée , deux gros de clou de Girofle pilé, un morceau de Calamus, un gros de veffie de Mufc, & l'eau qui fe diftilera fera trés odoriférante & bien claire, & le marc qui reftera aprés la diftilation faite fera mis à l'air pour fécher, & on le pourra employer parmi les Paftilles à brûler.

Eau d'œillet.

VOus mettrés dans l'Alambic de verre au bain-marie comme deffus une pinte d'eau & deux onces de clou de Girofle concaffé : & l'eau qui fe diftilera fera d'une odeur bien agreable, parce que la force du clou de Girofle étant adoucie au moyen de l'eau, l'eau, tire plus sur l'œillet que sur le Girofle.

Eau de Canelle.

VOus mettrez dans l'Alambic de verre comme dessus une pinte d'eau & deux onces de Canelle concassée, & l'eau qui se distilera en aura l'odeur bien naturelle.

Eau de Tain.

VOus mettrés comme dessus une pinte d'eau dans l'Alambic de verre avec deux poignées de Tain, & l'eau qui se distilera en aura l'odeur.

Toutes les herbes Aromatiques se peuvent distiler de la même manière. Comme ce sont des herbes fortes qui gardent leurs odeurs aussi bien étant séches que vertes ; il est aisé par la maniere cy-dessus écrite d'en tirer de l'eau.

Eau

Eau de fleurs d'Orange distillée au refrigeratoire

VOus mettrez infuser deux livres de fleurs d'Orange dans deux pintes d'eau l'espace de trois heures, ensuite vous mettrez le tout dans l'Alambic & ferez grand feu dessous, & vous mettrez un matras ou bouteille à long goulot pour recevoir l'eau qui se distilera de la canule : vous aurez soin de fournir d'eau fraîche dans le refrigeratoire, & aussi-tot qu'elle sera chaude de la renouveller, car c'est la fraîcheur d'enhaut qui attire la distilation, & qui empêche que l'eau ne sente le feu, & pour empêcher qu'elle ne sente le fruit, il faut que vos fleurs soient fraîchement cueillies, & soient bien fraîches, & lorsque vôtre eau, sera tirée vous vous en apercevrez à ce que la
distil-

diſtilation finira; & qu'elle commencera à ſentir le brûlé,&pour en tirer l'eſſence voyez les Articles des Eſſences fortes.

Si vous voulez que vôtre eau ſoit plus forte d'odeur, il ne s'agit que de mettre ſi peu d'eau que vous voudrez, car moins vous en mettrez & plus elle ſera forte,mais il faudra pour éviter que les fleurs ne s'attachent au fond , mettre du ſable au fond de l'Alambic & faire moins de feu.

Autre Maniere.

VOus mettrés infuſer deux livres de fleurs d'Orange ſéches dans deux pintes d'eau pendant trois ou quatre heurez , enſuite vous mettrez le tout dans l'Alambic & le ferez diſtiler comme il eſt expliqué au precedent Article, l'eau qui en provient eſt propre à bien des choſes car elle eſt

bonne pour employer dans lesSa-
vonnettes, dans l'eau d'Ange, à
purger le Tabac,& à toutes fortes
de Peaux & Gands.

Eau de Roze.

V Ous ferez infuſer trois livres
de Rozes dans deux pintes
d'eau pendant deux ou trois heures, enſuite vous les mettrez diſtiler dans l'Alambic tout comme les
fleurs d'Oranges fraîches, & vous
y obſerverez toutes les mêmes cir-
conſtances:car l'une ſe fait comme
l'autre & on peut diminuer l'eau ſi
on veut la faire plus forte : mais
comme l'eau de Roze s'employe
dans la purgation du Tabac par
quantité, auſſi bien que l'eau de
fleurs d'Orange, il eſt neceſſaire
d'en tirer ſuffiſamment quand c'-
eſt pour cet uſage: Lors que ce ſera pour l'employer autrement,
vous la ferés ſi forte que vous
vou-

voudrés ainſi que je l'ay dit cy-
devant.

Eau de la Reine d'Hongrie.

VOus mettrés dans une bouteille de verre fort, deux pintes d'eſprit de vin, deux bonnes
poignées de feuilles de Romarin,
une poignée de Tain, une demi
poignée de Marjolaine de laquelle
vous ne prendrés que la feuille,
& autant de Sauge que de
Marjolaine, bouchés bien la
bouteille, & la mettés au Soleil
l'eſpace d'un mois. Enſuite vous
delayerés gros comme une féve
d'Orcanet avec un peu d'eſprit
de vin en l'écraſant & le verſerés
dans vôtre bouteille & la remettrés cinq ou ſix jours au Soleil,
& elle ſera faite. Elle ſera d'un beau
rouge & aura beaucoup de vertu
& ſera d'une bonne odeur.

F 6   §. I. *Ma-*

§. I. *Maniere de faire les Pastilles à brûler.*

Pastilles communes.

VOus mettrés dans le mortier une livre de Benjoin commun, demi once de clou de Girofle, deux gros de Canelle, un morceau de Calamus, vous pilerés le tout ensemble & le passerés au Tamis de crin : ensuite vous ferés détremper de la gomme Adragant avec de l'eau commune: & vous mettrés dans le mortier la poudre que vous aurez passée avec une écuellée de cette gomme & vous les mêlerez & pilerez ensemble pour former la pâte. Si vous trouvés que vôtre pâte soit trop molle, vous y remettrez de la poudre ; ainsi la pâte est aisée à faire. Il ne s'agit aprés que d'applatir vôtre pâte avec un rouleau, & de tailler vos

Pa-

Paſtilles avec le moule, ainſi que j'ay dit dans l'Article des Paſtilles de bouche & les mettrez ſécher, & elles ſeront faites.

Paſtilles de Rozes & Oiſelets.

VOus pilerez & paſſerez au Tamis de crin une livre de marc d'eau d'Ange, de celuy qui ſera ſorti de l'eau d'Ange du premier Article des Eaux; & du quel vous ôterez les Citrons, & étant reduit en poudre vous le mettrez dans le mortier, y ajoûtant une poignée de feuilles de Rozes fraîchement cueillies, & une écuellée de gomme Adragant détrempée avec de l'eau de Rozes, vous pilerez le tout enſemble aſſez long-temps pour bien former la pâte, vous l'applatirez avec un rouleau & la couperez avec un couteau par tablettez comme vous voudrez.

Pour

Pour en faire des Oiselets
vous en prendrez des morceaux
que vous roulerez dans les mains
comme un bout de bougie, longs
comme le doigt, auquel vous
ferez un bout un peu large pour
le faire tenir debout : & les mettrez sécher. Ces sortes de Pastilles s'allument comme une
Chandelle, & brûlent jusqu'à la
fin sans s'éteindre, & produisent
une fumée d'une très bonne
odeur.

Pastilles d'Espagne.

VOus pilerez & mettrez en poudre, passée au Tamis de crin,
le marc de l'eau d'Ange, du
second Article de l'eau d'Ange,
& vous ferez détremper de la
gomme Adragant avec de l'eau
de fleurs d'Orange, & vous en
ferez une pâte dans le mortier
avec vôtre poudre, vous taillerez
en-

enfuite vos Paftilles avec les moules & les mettrez fécher, & elles feront faites.

Autre maniere.

VOus mettrez dans le mortier une livre de Benjoin, démi livre de Storax bien fec, demi once de Canelle, deux gros de Girofle, deux onces de Rozes de provin, & un morceau de Calamus, vous pilerez le tout enfemble & le paflerez au Tamis de crin, jufqu'à ce que le tout foit confommé, vous ferez enfuite détremper de la gomme Adragant avec de l'eau de Mille-fleurs & de l'eau de fleurs d'O-range, autant de l'une que de l'autre, puis vous ferez vôtre pâte dans le mortier avec vôtre pou-dre & vôtre gomme comme à l'ordinaire, puis vous les taille-rez à vôtre gré & les mettrez fé-cher, & elles feront faites.

Pastilles de Portugal.

VOus pilerez & passerez au Tamis de crin une livre du meilleur marc d'eau d'Ange que
vous ayez; ensuite faites détremper de la gomme Adragant avec
de l'eau de fleurs d'Orange : &
faites vôtre pâte dans le mortier
avec vôtre poudre & vôtre gomme comme à l'ordinaire, à l'ex-
ception qu'il faut faire vôtre pâte
un peu plus ferme.

Vous ferez ensuite chaufer le
cu du petit mortier & le bout
de son pilon, & fairez fondre
par sa chaleur vingt grains d'Ambre, il n'importe du quel, & y
ajoûterez un filet d'eau de Mille-
fleurs pour le d'layer, vous augmenterez cette eau jusqu'à la
quantité d'un demi verre, ensuite, vous mettrez vôtre mortier sur un rechaut de feu, &
vôtre

vôtre compofition étant chaude
vous la verferez fur vôtre pâte &
la mêlerez bien, & elle fera faite;
vous taillerez vos Paſtilles avec
les moules comme à l'ordinaire
& les mettrez fécher.

Maniere de détremper la gomme pour
faire les Pâtes des Paſtilles.

VOus mettrez détremper vôtre
gomme en telle eau que vous
voudrez, mais il faut que l'eau
ne la furpaſſe que de la hauteur d'un travers de doigt, parce
qu'il ne la faut pas noyer tout
d'un coup, & lors qu'elle aura beu l'eau vous en ajoûterez
encore, & ainſi peu à peu,
juſqu'à ce qu'elle ſoit détrempée,
non pas trop liquide, mais
feulement bien molette & bien
détrempée, & vous vous en
ſervirez.

§. II. *Maniere de faire les Pâtes par-*
fumées pour Chapelets & Medailles.

PRenez de la poudre fine à la
Maréchalle & en faites une
Pâte avec de la gomme Adragant & Arabic détrempée avec
de l'eau de Mille-fleurs, & si
yôtre pâte se trouvoit trop molle, vous y ajoûterez de la poudre,
& si elle se trouvoit trop ferme,
ou qu'elle ne se peust lier vous y
mettrez de la gomme, il n'y va
que du plus ou du moins de
l'un ou de l'autre; il faut un peu
frotter les moules avec de l'essence de fleurs, afin que la pâte
ne s'y attache pas: cette pâte est
couleur de caffé.

Autre maniere.

VOus prendrez du Parfum à
parfumer les autres poudres, &
en

en ferez une pâte avec de la gomme qui aura été détrempée avec de l'eau de fleurs d'Orange; dans laquelle vous aurez mis un filet d'essence d'Ambre ; cette pâte sera blanche, & en y ajoûtant du vermillon vous la ferez si rouge que vous voudrez, & pour la faire jaune ou blonde; il y faut ajoûter de l'Ocre jaune passée bien fin.

Autre maniere.

PRenés moitié poudre de Chipre parfumée & moitié poudre de Frangipanne, & en faites une pâte avec de la gomme détrempée avec de l'eau de Mille-fleurs; cette pâte est grize & d'une agreable odeur.

Autre maniere.

PRenez de la poudre fine à la Maréchalle, & la moitié d'autant

tant de marc d'eau d'Ange passé
bien fin & en faites une pâte avec
de la gomme détrempée en l'eau
de Mille-fleurs : cette pâte sera
bonne.

Autre manière.

PRenez de la poudre de Chipre
parfumée, de la poudre de
Frangipanne, & du Parfum à
parfumer les autres poudres, autant de l'une que de l'autre : &
en faites une pâte avec de la gomme détrempée avec de l'eau de
fleurs d'Orange, dans laquelle
vous aurez versé un filet d'essence d'Ambre. Cette pâte sera
d'un gris cendré fort beau, &
d'une odeur douce & agreable.

Il sera aisé de rendre toutes
ces sortes de pâtes, d'aussi bonne & aussi forte odeur que l'on
roudra, en augementant l'Ambre,

le

le Musc, & la Civette, soit dans les poudres, ou dans les eaux avec lesquelles on détrempe la gomme.

Maniere d'apprester la gomme pour les Pâtes cy-dessus.

IL faut détremper la gomme Adragant, de la même maniere qu'il est expliqué à l'Article qui precede les pâtes cy-dessus, & ajoûter sur une écuellée de cette gomme, un demi verre d'eau de gomme Arabic assez épaisse, & les mêler ensemble, & vous en servir pour faire vos pâtes.

TRAI-

TRAITÉ

DES GROSSES POUDRES
à la Maréchalle & de tou-
tes les manieres de
s'en servir.

Grosse Poudre à la Maréchalle.

VOus prendrez une livre
d'Iris, douze onces de
fleurs d'Orange séches,
quatre onces de Coriandre, demi
livre de Rozes de provin, deux
onces de marc d'eau d'Ange, une
once de Calamus, deux onces
de Souchet, demi once de clou
de Girofle, vous concasserez
bien toutes ces drogues dans le
mortier l'une aprés l'autre, &
ensuite vous les mêlerez si bien
ensemble qu'il n'y ait pas plus
d'une drogue à un endroit qu'à
l'au-

l'autre, & elle sera faite.

Autre maniere.

VOus prendrés douze onces
d'Iris, demi livre de fleurs
d'Orange séches, quatre onces
de Rozes de provin, quatre
onces de bois de Rozes, une
once de Benjoin, une demi once d'écorce de Citron séche,
demi once d'écorce d'Orange
séche, demi once de Marjolaine séche, une once de Souchet, demi once de Calamus,
deux gros de Canelle, demi
once de clou de Girofle,
deux onces de bois de Sendal
Citrain. Vous concasserez toutes
ces drogues l'une apres l'autre
dans le mortier, puis vous les
mêlerez bien e. semb.. & elle sera
faite.

Au·

Autre maniere.

VOus prendrez une livre d'I-
ris, demi livre de fleurs d'-
Orange féches, quatre onces
de Rofez de provin, deux onces de bois de Sendal Citrain,
une once d'écorce d'Orange
féche, demi once de Marjolaine, demi once de Lavande féche, une once de Calamus,
deux onces de Souchet, une
once de Benjoin, demi once de
Storax, demi once de Labdanum. Vous concafferés toutes
ces drogues dans le mortier l'une
aprés l'autre, & enfuite vous les
mêleres bien enfemble, & elle fera
faite. On peut ajoûter fi l'on veut
dans toutes ces poudres des bois
de fenteur.

Pot pourri pour faire des Sachets.

VOus prendrés douze onces
de Rozes communes éfeüil-
lées, une livre & demie de Lavande de laquelle vous ne prendrez
que la graine, douze onces de
Marjolaine de laquelle vous ne
prendrés que les feüilles, six onces de Tain du quel vous prendrés aussi les feüilles, quatre onces
de féüilles de Mirthe ; quatre
onces de Melilot du quel vous
prendrés aussi les feüilles, une
once de feüille de Romarin, u-
ne once de feüille de Laurier, deux
onces de clou de Girofle à moitié pilé, une livre de feüille de
Rozes muscades, le plus de fleurs
d'Orange que vous pourrez,
des feüilles d'œillet de même
quantité que de fleurs d'Orange,
vous mettrez le tout dans un pot
faisant une couche de fleurs & u-

G   ne

ne conche de fel, vous ferez ainfi, jufqu'à ce que le pot foit
rempli de tout ce qui eft cy-deffus nommé; vous le bouchèrez
bien & le remuerez avec un bâton de deux jours l'un, le mettent pendant la chaleur de l'Eté
au Soleil: il faut avoir foin de le
rétirer de la pluye & du ferein,
& au bout d'un an on en fait des
Sachets, y ajoûtant à difcretion
de la poudre de Chipre parfumée.

Boutons de Rozes.

VOus prendrez telle quantité
de boutons de Rozes que
vous voudrez, les plus fermez,
vous arracherez les boutons
verts, & vous mettrez à la place de chacun un clou de Girofle, & les mettrez fécher au Soleil entre deux papiers, ils feront
propres à mettre dans les Sachets & dans les poudres
dont

dont ils sont composez.

Vous pouvez aussi les expo-
ser au Soleil dans un vaisseau de
terre couvert de papier, & les ar-
roser les premiers jours de bonne eau d'Ange, & étant secs
vous vous en servirez comme
cy-dessus.

Fleurs d'Oranges séchées.

VOus mettrez la quantité que
vous voudrez de fleurs d'O-
range sécher au Soleil entre deux
papiers bien clos tout au tour, &
étant séches les garderez pour
vous en servir au besoin.

Sachets de senteurs.

VOus prendrez telle étoffe de
Soye qu'il vous plaira Taffetas   e ; & vous ferez vos
S   de   largeur de demi
t ers ep u q   & vous les cou-

G 2   drez

drez tout au tour à la referve
d'environ 4 doigts par où vous
ferés entrer douze onces ou environ de groffe poudre à la Maréchalle, telle que vous la voudrez
choifir, & vous acheverez de coudre vos Sachets, & ils feront faits.
Lors qu'au bout du tems l'odeur
de vos Sachets fera diminuée,
tirez-en la poudre & faites la piler
dans le mortier & la remettés
dans vos Sachets, & elle aura
l'odeur comme la premiere fois,

Autre maniere.

VOus taillerez vôtre étoffe
comme cy-deffus, & fur la
moitié de la ditte étoffe vous fe-
merés de la groffe poudre à la Maréchalle, puis vous y mettrés deffus un lit de cotton parfumé épais
d'un pouce, & vous jetterez fur le
cotton de la même poudre, vous
renverferez enfuitte l'autre moitié

tié d'étoffe par deffus le tout, & le coudrez tout au tour fans le remuër, puis vous le piquerés en matelats, & cela fera fait. Vous pourrés orner les quatre coins avec de houpes ou de faveurs.

Sachets pour porter fur foy.

VOus prendrés de l'étoffe de Soye un peu jolie, & vous ferés vos Sachets de la grandeur de quatre doigts, un peu plus longs que larges, vous frotterés enfuite l'envers de l'étoffe avec un peu de Civette affez légerement, puis vous les emplirez de groffe poudre à la Maréchalle, de celle que vous voudrés choifir, à laquelle vous ajoûteres un peu de clou de Girofle & un peu de bois de Sendal Cittain bien pilés, parce que cela reveille bien l'odeur & la change. Vos Sachets étant remplis vous acheverésde les coudre &les ornerés tout au tour

de faveurs par boüillons d'une
coüleur convenable à l'étoffe, &
ils feront faits.

VOus ferez vos Sachets de la
grandeur de quatre doigts,
& de si belle étoffe que vous
voudrez, & avant que de les
remplir vous ferez la composition suivante.

Vous broyerez dans le petit
mortier huit grains de Musc, y
ajoûtant un petit filet d'eau
de Mille-fleurs ; Vous a-
joûterez ensuite quatre grains
de Civette, que vous broyerez
avec le Musc, vous y verserez
aussi un filet de baume du Perou, & une cueillerée d'eau de
Mille-fleurs, & ayant bien mêlé le tout ensemble avec le pilon
vous en frotterez légerement
l'envers de vos Sachets, puis
vous les emplirez de la composition du pot pourri & de pou-

dre de Chipre parfumée mêlés ensemble, & acheverez de clorre
vos Sachets, vous les ornerez
tout au tour de faveurs comme
les precedents.

Autre maniere.

VOus prendrez toute la plus
belle étoffe que vous au-
rez, & vous ferez vos Sa-
chets un peu plus grands que les
precedents, & lors qu'ils feront
prêts à emplir vous ferez la composition suivante.

Vous ferez chaufer le cu du
petit mortier & vous ferez fondre
par sa chaleur huit grains d'Ambre : étant fondus vous y mêlerez quatre grains de Civette en
broyant avec le pilon : puis vous
y verserez peu à peu deux cueillerées d'eau de Mille-fleurs dans
laquelle vous aurez auparavant
fait détremper gros comme un

G 4   pois

pois de gomme Arable; vous
frotterez légerement l'envers de
vos Sachets de cette compofition, puis vous les emplirez de
poudre de Chipre & de Frangipanne parfumée, autant de l'u-
ne que de l'autre, dans lefquelles vous aurez mis plufieurs
petits morceaux de veffie de
Mufc, & finirez vos Sachers,
vous les ornerez de faveurs comme les precedents , & ils feront
faits.

Manne d'Ozier parfumée pour met-
tre fur les habits des Dames.

VOus prendrez une manne
d'Ozier fin de la grandeur
que vous voudrez, vous prendrez enfuite du Taffetas ce que
vous jugerez qu'il en faut pour
la garnir, vous étendrez vôtre
Taffetas fur un Metier à broder,
& vous mettrez fur le Taffetas un
fit

lit de Cotton parfumé épais de
deux écus : puis vous jetterez
sur ce Cotton de la grosse poudre à la Maréchalle bien également, ajoûtant par dessus cette
poudre un peu de bois de Sendal
Citrain bien pilé, puis vous
couvrirez le tout d'un autre Taffetas & vous le piquerez ensuite
par petits carreaux ; ce qui étant
fait, vous taillerez vôtre étoffe
de la grandeur du fond de vôtre manne & des côtez aussi-bien
que du couvercle, & vous borderez toutes les coupures avec
un galon de Soye de la couleur
de l'Etoffe. Toutes les parties
étant jointes ensemble vous les
mettrez dans la manne & les y
coudrez à plusiéurs endroits, &
elle sera faite.

G 5   Po---

Poches parfumées pour les Dames.

La même Etoffe, composition &
piqûres cy-dessus servent pour
faire les Poches parfumées. Il
ne s'agit que de tailler l'étoffe
en forme de poche, border les
coupures avec du galon, & elles
seront faites.

Boîtes à Perruque parfumées.

VOus ferez faire la boîte à
Perruque d'un bois de l'épaisseur d'un écu, longue d'une
demi aune ou environ, ron-
de par les bouts & étroite à
proportion d'une Perruque. Ensuite pour faire la garniture vous
étendrez sur un Métier à Broder
un morceau de Taffetas & sur
ce Taffetas un lit de Cotton parfumé, d'une bonne odeur, bien
mince & bien égal, & sur ce
Cotton vous semerez de la meilleure poudre à la Maréchalle que
vous ayez & dont les morceaux
ne

ne feront pas trop gros, & par deffus cette poudre vous y femerez
un peu de bois de Sendal Citrain
pilé bien menu, vous couvrirez
enfuite le tout avec un morceau
de Tabis du plus beau, qui aura
été frotté par l'envers avec la
compofition fuivante : vous piquerez vôtre étoffe par carreaux
& taillée enfuite à proportion du
fond, du tour, & du dedans
du couvercle de la boîte, & par
aprés vous borderez les coupures avec du galon de Soye de
la couleur du Tabis & en ferez
garnir le dedans de vôtre boîte,
tout le dehors de la boîte doit
être couvert de peau de fenteur,
& toutes les coupures & bordu-
res de la peau doivent être cou-
vertes d'un galon d'or ou d'argent & la ferrure & la clef dorée.

Com-

Composition pour frotter l'envers du Tabis.

VOus ferez chaufer le cu du petit mortier & ferez fondre par sa chaleur 10 grains d'Ambre en le remuant avec le pilon y versant un filet d'eau de fleurs d'Orange, vous y ajoûterez six grains de Civette, & ayant bien mêlé le tout ensemble, vous y verserés deux cueillerées d'eau de Mille-fleurs dans laquelle vous aurez fait détremper gros comme un pois de gomme Arabic : le tout étant bien mêlé vous en frotterez l'envers de vôtre Tabis bien legerement avec un petit morceau d'éponge, & cela sera fait.

Boîtes parfumées pour mettre le Linge. 5

LEs Boîtes pour le linge se garnissent & se convrent de la même maniere, & du même Parfum

fum que les boîtes à perruques;
il n'y a de difference que la façon
de la boîte qui eſt faite en maniere
d'un petit coffre, & pour la
grandeur on ne les fait d'ordinaire que d'une grandeur capable de renfermer tout le menu
linge d'une perſonne de qualité..

Toilette de ſenteur.

LEs Toilettes de ſenteur ſe font
de deux manieres, la premiere
eſt celle-cy qui ne differe en rien
de la garniture des boîtes à Perruques, il faut aſſembler vôtre étoffe
de la grandeur dont vous voulés
la Toilette, & l'étendre ſur un
Métier à Broder, & la garnir d'un
lit de Cotton parfumé & mettre
la poudre par deſſus: & couvrir
le tout d'une étoffe telle que vous
voudrez & la piquer. Si l'étoffe
de laquelle vous faites le deſſus
n'étoit

n'étoit pas affez épaiffe pour
fupporter la compofition de laquelle vous la frottés, vous
augmenterez cette compofition
avec de l'eau de Mille-fleurs &
vous la ferez boire à une fuffifante quantité de Cotton que vous
laifferez en aprés fécher, puis
vous en ferez un lit bien mince &
bien égal par deffus la poudre
que vous aurez mife, ou du
moins vous en mettrés à plufieurs
endroits : & vous couvrirez le
tout de vôtre étoffe, & la piquerez de la maniere qu'il vous
plaira, & elle fera faite.

Toilettes de fenteur de Montpellier.

Vous prendrez de la Toille neu-
ve bien forte & peu ferrée, &
vous la couperés de la grandeur
que vous voudrez faire vos Toilettes, & les ferez tremper & bien
laver dans plufieurs eaux, puis les
met-

méttrez tremper dans de l'eau
d'Ange du jour au lendemain,&
les remettrez sécher. Vous
aprêterez ensuite la composition
suivante.

Deux livres d'Iris, une livre
de racine de Campanne, deux
onces de bois de Rozes, quatre
onces de Sendal Citrain, une
once de Calamus, deux onces
de Souchet, demi once de Canelle,deux gros de clou de Girofle, & une demi once de Labdanum. Vous mettrez toutes
ces drogues en poudre passée au
Tamis de crin, l'une aprés l'autre, & ensuite vous les mêlerez
ensemble, & les mettrez dans le
mortier avec de la gomme Adragant que vous aurez fait détremper avec de l'eau d'Ange, il faut
que la gomme soit claire, & qu'il
y ait beaucoup d'eau afin que la
pâte en soit claire; vous frotterez
vos Toilles avec cette pâte des
deux

deux cotez le plus fort que vous
pourrez, afin que la pâte pene-
tre & s'attache à la Toille : vous
y laifferez tout ce qui s'y atta-
chera, les rendant les plus unies
que vous pourrez; & enfuite
vous les mettrez fécher, & lors
qu'elles feront prefque féches,
vous prendrez une éponge que
vous tremperez dans de l'eau
d'Ange, & vous en frotterez vos
Toilles pour les rendre unies:
puis vous les mettrez derechef
fécher, & elles feront faites.

Il faudra lors qu'elles feront
féches les plier dans les plis où
vous voudrés qu'elles demeu-
rent. Ces fortes de Toilettes s'en-
ferment entre deux étoffes telles
que l'on veut.

Autre compofition de Toilettes.

LEs Toilles étant lavées & purgées & féches comme cy-devant,

vant, vous ferez la composition
suivante.

Deux livres d'Iris, une livre
de racine de Campanne, deux
onces d'écorce de Citron séche,
une once d'écorce d'Orange séche, une once de clou de Girofle, demi livre de Benjoin,
quatre onces de Storax, deux
onces de Souchet, une once
de Labdamum. Toutes ces drogues seront mises en poudre,
passée au Tamis de crin, l'une
aprés l'autre, puis vous les
mélerez ensemble & vous en
ferés une pâte claire comme à
l'Article précedent, vous en frotterez vos Toilles & les finirez de
même, & elles seront faites.

§. I. *Composition pour porter sur*
soy.

B Royés dans le petit mortier
gros comme un pois de
Ben-

Benjoin, verfez-y un filet de Beaume du Pérou ; plus y ajoutés quatre grains de Civette, & ayant bien mêlé le tout avec le pilon ramaffés - le avec du cotton & le mettez dans vôtre boîte ou gland.

Autre maniere.

FAites chaufer le petit mortier & faites fondre à fa chaleur quatre grains d'Ambre, délayés le avec un filet d'effence d'Ambre, ajoûtés y deux grains de Civette, & l'ayant mêlé ramaffés le tout avec du cotton & le mettez dans vôtre boîte ou gland.

Autre maniere.

FAites chaufer le petit mortier, & faites fondre à fa chaleur fix grains d'Ambre, & le de-

delayés avec quatre goutes
d'eau de Mille-fleurs, ajoutés
y quatre grains de Musc, &
les ayant broyez ensemble, ra-
massés le tout avec du cotton,
que vous aurés frotté auparavant avec un grain de Civette, &
le mettez dans vôtre boîte ou
gland.

Autre maniere.

BRoyés dans le mortier quatre grains de Musc, &
deux grains de Civette ensemble, ajoutez-y quatre goutes
de Baume du Perou, & ramas-
sés le tout avec un peu de cotton
& le mettez dans vôtre boîte ou
gland.

Autre maniere.

FAites chaufer le petit mortier, & faites fondre à sa
cha-

chaleur douze grains d'Ambre,
ajoûtés y six grains de Civette, & quelques larmes d'eau
de Mille-fleurs, ensuite prenés
un peu de cotton & l'arrosés légerement de quelque goute d'-
effence de Girofle & de Canelle, & ramaffés voftre compofition avec ce cotton. En-
fermés le tout dans une petite
veffie de Musc, & l'envelopés
ensuite avec un morceau de
peau de fenteur, & la cou-
fés tout au tour; & fi vous
voulés couvrir le tout de
quelque étoffe propre vous le
pouvés.

Autre maniere.

DAns les boîtes qui ont
plufieurs étages on met
differentes odeurs le plus fouvent fans mélange, par exem-
pel, dans l'un on y met du
Bau-

Baume du Perou, dans un autre de la Civette avec du cotton, dans un autre de l'essence ou de Girofle ou de Canelle avec du cotton, ainsi d'-
autres parfums suivant qu'on les
aime.

§. II. *Maniere de parfumer par la*
fumée.

IL faut avoir un coffre de
bois que l'on nomme par-
fumoir, il est fait comme un
autre coffre à la reserve qu'il y
a en bas une ouverture par laquelle on passe une ou deux
petites terrasses de feu pour
brûler les compositions avec
lesquelles on veut parfumer, &
lors que la composition se
brûle on ferme le coffre & la-
dite ouverture. Et à l'entrée
du coffre environ demi pied
avant, il y a une grille de bois
ou

ou de fil de cuivre pour fupporter ce que l'on veut parfumer. On doit avoir foin de
remuer & changer de côté ce
que l'on parfume, afin que
l'odeur foit égalle par tout, &
la fumée des parfums ne gâte ny ne noircit ce que l'on y
met. Cette inftruction fervira
pour tout ce que l'on voudra
parfumer par la fumée.

Cotton parfumé.

Ettez vôtre Cotton fur
la grille étendu égale-
ment, & mettez brûler dans
une terraffe celles des Paftilles
que vous voudrés & fermés
le parfumoir : & il prendra l'o-
deur.

Au.

Autre manière.

ALlumez cinq ou six oizelets
au fond du Parfumoir &
les posez sur des carreaux afin
qu'ils ne brûlent pas le bois, &
fermés le parfumoir.

Autre manière.

MEttez dans une cassolette ou
dans une écuelle d'argent de
l'eau de Mille-fleurs sur une
terrasse de feu, & lors que l'eau
bouillira elle s'en ita en fumée &
parfumera le cotton; ou brûlez
de la même maniere de l'eau de
fleurs d'Orange dans laquelle
vous aurés versé un filet d'essence
d'Ambre, & l'odeur en sera fort
douce.

Pour

Pour parfumer une Chambre par la fumée.

LEs feneſtres étant fermées allumez des oizelets & les poſez aux coins de la Chambre proche les Tapiſſeries, ou faites chaufer la pelle du feu, verſés deſſus de l'eau d'Ange, ou de Mille-fleurs, ou de fleurs d'Orange ; avec un filet d'eſſence d'Ambre, & les fumées donneront une bonne odeur.

Autre maniere.

MEttez dans des caſſolettes ou des écuelles d'argent les eaux de ſenteurs que vous voudrez, & les poſez ſur dès rechauts de feu, & lors que les eaux bouilliront la fumée qui en ſortira donnera une bonne odeur. On peut brûler auſſi toutes ſortes de Paſtilles dans la cendre chaude.

TRAI-

TRAITE'

DES PEAUX ET GANDS
Parfumez.

Maniere de purger les Peaux d'E-
ventails & les parfumer aux fleurs.

IL faut couper les Peaux de
Cannepin un peu plus grandes que l'on ne veut qu'elles de-
meurent, à cause qu'il les faut
piquer au tout des moules comme vous verrés cy - après; ensuite vous les laverez dans de
l'eau commune tant de fois que
l'eau demeure nette, puis vous
les laisserez tremper jusqu'au
lendemain, vous les exprimerez & les étendrez sur des cordes
& étant séches vous les laverez dans de l'eau de fleurs d'O-
range & les y laisserez trem-

H   per

per jufqu'au lendemain que vous
les tirerez de l'eau fans les trop
exprimer, & les étendrez derechef
fur des cordes, vous aurez foin
de les détirer à mefure qu'elles
fécheront, parce qu'il faut qu'-
elles fe trouvent féches & détirées
en même temps, car autrement
on feroit en danger de lés déchi-
rer ou de les gâter : enfuite il faudra les colorer des couleurs que
vous vouarez par les deux côtez avec une éponge, puis les é-
tendrez fur les moules & les
mettrez fécher à l'air.

'Les moules à Eventails font
des planchettes de l'épaiffeur de
deux écus, taillées en éventails,
qui ont des pointes d'éguilles
tout autour, par le moyen
defquelles on étend l'éventail: il
faut prendre garde que le côté de
la chair foit toûjours en dehors.

Lors que vos Peaux d'Eventails feront féches vous les char-
ge-

gerez de compofition, telle que
vous voudrez la choifir dans celles à charger gands ou Peaux, dû
côté de la chair feulement ,
pendant qu'elles font étenduës
fur les moules , & étant féchés
pour lors vous les releverez pour
leur donner les fleurs.

Lorsque vous aurez deffein de
parfumer ces Peaux aux fleurs, il
faudra choifir les compofitions
dans lefquelles il y a le plùs de Civette pour les charger ; finon
vous vous fervirez des autres.

Vos Eventails étant preparés
comme deflus , vous vous fervirez d'une caiffedans laquellevous
mettrez un lit de fleurs, & un lit
de Peaux , continuant ainfi jufqu'à ce que toutes vos peaux
foient en fleurs : fi vous avez les
fleurs en abondance vous les re-
nouvellerez au bout de 12 heures , finon le lendemain à pareille heure , & leur ayant donné les

H 2 fleurs

fleurs cinq ou six fois elles seront faites. Il faut se servir de
fleurs d'Orange, ce sont les meilleures à cet usage.

Manière de purger & parfumer tou-
tes sortes de grandes Peaux.

Vous choisirez des Peaux telles que vous voudrés, soit
de Chamois, ou de Mouton, Ag-
neaux, Chevreaux, ou de Chiens
qui n'ayent pas été aprestées avec
des jaunes d'œufs, car d'ordinaire les peaux sont apprêtées ainsi
pour les rendre moileuses, & cela est contraire au parfum; il faut
aussi qu'elles soient parées.

Il faudra tout ainsi qu'aux
peaux d'Eventails, les laver dans
de l'eau commune tant de fois
que l'eau demeure nette, puis les
laisser tremper un jour, & les a-
yant retirées de l'eau les bien exprimer & les mettre sécher sur des
cor-

cordes, enfuite les bien frotter & amolir, & les mettre aprés tremper dans de l'eau de fleurs d'Orange pendant vingt-quatré heures, puis les retirer de l'eau fans les trop exprimer & les mettre fécher, & pour lors étant féches vous les frotterez & les ouvrirez bien, puis vous les mettrés en couleur de celle qu'il vous plaira choifir à la fin de ce Traité; & étant colorées vous les chargerés de telle compofition que vous voudrés choifir avant que de leur donner les fleurs, ou bien vous vous contenterés de les parfumer aux fleurs feulement, de la maniere qui fuit.

Vos Peaux étant preparées comme je viens de dire, vous prendrés une caiffe grande à proportion de ce que vous aurés de peaux, & vous ferés un lit de fleurs & un lit de Peaux, continuant de même jufqu'à ce que vous ayez

H 3 tout

tout employé. Vous laisserez vos
Peaux dans les fleurs pendant
vingt-quatre heures , puis vous
les retirerés d'avec les fleurs & les
étendrés sur des cordes environ
une heure, pour dessécher l'humidité que les fleurs leur pourront
avoir donnée , ensuite vous les
frotterés & les ouvrirés bien & les
remettrés en fleurs comme la
premiere fois ; vous ferez ainsi
pendant cinq ou six jours , & elles seront faites.

Maniere de preparer & parfumer les Gands.

LOrs que les Peaux sont lavées
& purgées,comme il est enseigné cy-devant, il faut faire tailler
& coudre les Gands, & cela étant
fait les colorer de la couleur que
l'on veut ainsi que vous trouverés à la fin de ce Traité , ensuite si
l'on veut les charger de quelque
legere composition,il faut le faire

a-

avant que de leur donner le fleurs
de la maniere que vous trouverés dans les Articles suivans;
& ayant été ainsi preparés, vous
les mettrés en fleurs dans une
caisse vous servant à cet effet des
fleurs que vous voudrez, faisant
un lit de Gands & un lit de fleurs:
vous continuerés ainsi jusqu'à ce
que vous ayez tout employé, &
les ayant ainsi laissez dans les
fleurs du matin au soir ou tout
au plus 24 heures, vous les retirerez des fleurs, & les mettrés
à l'air sur des cordes pendant une
heure pour dessécher l'humidité
des fleurs; puis vous les frotterés & ouvrirés bien & les retour-
nerés & les rémettrez en fleurs
fraîches par l'envers, vous continuerés ainsi à leur donner les
fleurs par l'endroit & par l'envers
pendant quatre ou cinq jours,
puis vous les frotterés & redresse-
rés & ils seront faits. Il faudra don-

ner

ner auffi les fleurs une fois ou 2
au papier dans lequel vous les pilerés, afin qu'il n'en diminuë pas
l'odeur.

A l'égard des Gands ou Peaux
que vous chargerés de quelque
compofition de confequence,
comme vous en trouverés dans
la fuite, qui font faites d'Ambre,
de Mufc, & de Civette, cela eft
fuffifant pour donner une trés-
bonne odeur fans y employer des
fleurs.

*Compofition pour charger les Gands
ou Peaux avant que de les mettre
en fleurs.*

VOus broyerés fur le marbre
avec une petite molette un
gros de Civette avec un filet d'effence de fleurs d'Orange, ou autre fleurs, faite d'huile de Ben, &
les ayant bien mêlez enfemble
vous y ajoûterez un peu d'eau de
Mille-fleurs, enfuite vous broyerés

rés à part gros comme une noi-
fette de gomme Adragant qui
aura été détrempée avec de l'eau
de fleurs d'Orange, puis aprés
vous broyerés vôtre Civette &
vôtre gomme enfemble y ajoûtant
peu à peu de l'eau de Mille-fleurs;
vous continuerés ainfi jufqu'à ce
que vous ayez bien incorporé le
tout enfemble; pour lors vous
mettrés vôtre compofition dans
le mortier & augmenterés l'eau en
la remuant avec le pilon jufqu'à la
quantité d'un poiffon, qui eft la
moitié d'un demi feptier; puis
vous chargerés vos Gands ou
Peaux bien également de cette
compofition avec une éponge, &
les mettrez fécher à l'air fur des
cordes, & étant fecs vous les frotterés & les ouvrirés & leur donnerés les fleurs comme je l'ay dit
cy-devant.

Composition Musquée.

VOus broyerez sur le marbre deux gros de Musc avec un filet d'essence de fleurs comme cy-devant, & étant bien broyez les rangerez sur un coin du marbre : ensuite vous broyerez un demi gros de Civette avec un filet de la même essence, & la mettrez aussi à part : puis vous broyerez gros comme une noix de gomme Adragant qui aura été détrempée avec de l'eau de Mille-fleurs, ajoûtant un filet d'essence d'Ambre, vous broyerez ensuite le tout ensemble y ajoûtant peu à peu de l'eau de Mille-fleurs, & lors que la composition sera bien incorporée avec l'eau, vous la metttrez dans le mortier, & augmenterez l'eau en remuant avec le pilon jusqu'à la consistence d'un demi septier,

&

& en chargerez vos Gands ou
Peaux & les mettrés sécher.

Autre maniere.

VOus broyerés sur le marbre
demi gros de Civette avec
un filet d'essence de fleurs comme cy-dessus, & étant broyée la
rangerés sur un coin du marbre,
ensuite vous broyerés un gros de
Musc avec un filet de la même
essence, & le rangerés aussi à
part, puis vous broyerés gros
comme une petite noix de gomme Adragant qui aura été détrempée avec de l'eau de Mille-
fleurs, aprés vous rassemble-
rés vos trois drogues & les broyerés ensemble, y ajoûtant peu à
peu de l'eau de Mille-fleurs, &
lors que la composition aura été
broyée pour pouvoir facilement
s'incorporer avec l'eau, vous la
mettrés dans le mortiér y aug-
H 6   men-

mentant l'eau jusqu'à la quantité
d'un demi septier : ensuite vous
chargerés vos Gands ou Peaux
avec une éponge & les mettrés
fécher, & étant fecs vous les
frotterés, & les ouvrirés, &
redrefferés, & ils feront faits.

Composition à l'Ambrette.

VOus broyerés fur le marbre
demi gros de Civette avec
un filet d'effence de fleurs d'O-
range ou autre, & étant broyé
le rangerés fur un coin du marbre : enfuite vous broyerés gros
comme une petite noix de gomme Adragant qui aura été détrempée avec de l'eau de fleurs
d'Orange, puis aprés vous broyerés le tout enfemble afin de les
mêler : puis vous ferés chaufer le
petit mortier & vous delayerés
par fa chaleur un gros d'Ambre,
y ajoûtant un petit filet d'eau de
fleurs

fleurs d'Orange que vous augmenterés peu à peu jusqu'à la
quantité d'un poisson, puis vous
broyerés de nouveau vôtre Civette avec un peu d'eau de fleurs
d'Orange, & étant bien incorporée avec l'eau vous mêlerés le
tout ensemble dans le mortier, &
augmenterés l'eau jusqu'à ce que
vôtre composition fasse en tout
la quantité d'un demi septier,
vous en chargerez vos Gands ou
Peaux avec une éponge & vous
les mettrez sécher à l'air.

Composition de Rome.

VOus broyerez sur le marbre
un gros d'Ambre avec un
filet d'éssence de fleurs, si-bien
qu'il n'y reste point de grumelots,
puis vous le rangerés à un coin du
marbre: vous broyerez de même
un demi gros de Musc & le mettrez encore à part: vous broyerez

rez auffi 18. grains de Cirette & la méttrez auffi à part: vous broyerez de plus, gros comme une petite noix de gomme Adragant, qui aura été détrempée avec de l'eau de fleurs d'Orange, dans laquelle vous aurez verfé un filet d'effence d'Ambre, a-prés vous raffemblerez toutes vos drogues & les broyerez toutes enfemble, y ajoûtant peu à peu de l'eau de fleurs d'Orange, & lors que l'eau fe pourra bien incorporer avec la compofition, vous la mettrez dans le mortier y ajoûtant de la même eau jufqu'à la confiftence d'un demi feptier, & vous en chargerez vos Gands ou Peaux que vous met-trez enfuite fécher.

Autre maniere.

VOus broyerez fur le marbre un demi gros de Mufc avec un

un filet d'eau de Mille-fleurs, &
l'eau étant bien mêlée vous le
rangerez à part : vous broyerés
enfuite gros comme une noifet-
te de gomme Adragant, qui aura
été détrempée avec de l'eau de
fleurs d'Orange, vous broyerez
aprés le Mufc & la gomme
enfemble, y ajoûtant peu à peu
de l'eau de fleurs d'Orange, &
l'eau étant bien incorporée vous
ferez ce qui fuit.

Vous ferez chaufer le petit
mortier & ferez fondre par fa
chaleur un gros d'Ambre, que
vous delayerez avec un filet d'effence d'Ambre ; & étant bien
fondu & delayé vous y ajoûtèrez
un peu d'eau do Mille-fleurs : enfuite vous mettrez vôtre Mufc
avec l'Ambre dans le mortier,
& vous les mêlerez bien enfemble avec le pilon y ajoûtant une
cueillerée d'eau de gomme Arabic, & augmenterez cette com-
pofi-

position avec de l'eau de fleurs
d'Orange, jusqu'à la quantité
d'un demi septier, & lors que
vous en voudrez charger vos
Peaux & Gands, vous poserez
vôtre mortier sur un rechaud de
feu pour la tenir tiéde, & en use-
rez comme à l'ordinaire.

Pointe d'Espagne.

VOus broyerez sur le marbre
dix-huit grains de Civette avec
un filet d'eau de Mille-fleurs, &
les rangerez sur un coin du marbre, ensuite vous broyerez gros
comme une noisette de gomme
Adragant qui aura été détrempée
avec de l'eau de Mille-fleurs, puis
vous broyerez la Civette & la
gomme ensemble jusqu'à ce qu'-
elles soient bien incorporées, en y
augmentant l'eau de Mille-fleurs
jusqu'à la quantité d'un poisson:
vous chargerez vos Peaux ou
Gands

Gands de cette composition &
vous les mettrez ensuite sécher,
& étant secs vous les frotterez &
les ouvrirez bien, puis vous ferez ce qui suit.

Vous broyerez sur le marbre
un gros de Musc avec un filet
d'eau de Mille-fleurs, & étant
bien broyé & l'eau bien incorporée vous le laisserez à part: vous
ferez chaufer le petit mortier &
ferez fondre à la chaleur deux
gros d'Ambre, y ajoûtant un
filet d'eau de Mille-fleurs pour le
delayer, & étant fondu & mêlé
avec cette eau vous y ajoûterez
le Musc que vous aurez broyé, &
vous mêlerez bien le tout ensemble avec le pilon, y ajoûtant un
filet d'essence de Girofle & vous
augmenterez cette composition
avec de la même eau de Mille-
fleurs, jusqu'à la quantité d'un
demi septier: y mettant de plus
deux cueillerées d'eau de gomme
Arabic

Arabic, & pour employer cette
compofition vous mettrez le
mortier dans lequel elle fera fur
un rechaud de feu afin de la tenir
tiéde pour en charger vos Gands
ou Peaux.

Gands ou Peaux chargez d'Ambre.

VOus broyerez fur le marbre
dixhuit grains de Civette avec
un filet d'eau de fleurs d'Orange,
& la mettrez à part, puis vous
broyerez gros comme une noi-
fette de gomme Adragant qui a
été détrempée avec de l'eau de
fleurs d'Orange : enfuite vous
broyerez la Civette & la gomme
enfemble, y ajoûtant de l'eau,
peu à peu jufqu'à la quantité d'un
poiffon, & vous en chagerez vos
Peaux ou Gands avec une éponge & les mettrez fécher : & étant
fecs les frotterez & les ouvrirez
puis vous ferez ce qui fuit.

Vous

Vous ferez chaufer le petit mortier bien chaud & vous ferez fondre à sa chaleur deux gros d'Ambre, y ajoûtant un filet d'eau de fleurs d'Orange dans laquelle vous aurez auparavant mis un filet d'essence d'Ambre, & vôtre Ambre étant fondu vous augmenterez peu à peu vôtre composition avec de l'eau de fleurs d'Orange en la remuant avec le pilon jusqu'à la quantité d'un poisson, y mettant de plus deux cueillerées d'eau de gomme Arabic : & le tout étant mêlé vous mettrez vôtre mortier sur un rechaud de feu pour employer vôtre composition tiéde, de laquelle vous chargerez vos Gands ou Peaux avec une éponge, & les mettrez sécher.

Lors que vos Gands ou Peaux ont été chargez de l'une des susdites compositions, il faut les mettre sécher sur des cordes,

&

& étant bien fecs il les faut frotter, & enfuite les ouvrir avec les bâtons, & les redreſſer & les ſerrer. Mais à l'égard des gands de chien & ceux de chevreau, que l'on nomme ordinairement façon de chien, il eſt neceſſaire de les humeĉter par le dedans, c'eſt ce qu'on appelle lavez, il faut aprés que la compoſition eſt féche & qu'ils ont étez frottez & ouverts les retourner & frotter l'envers de la compoſition ſuivante.

Ocaigne pour les Gands,

VOus broyerez ſur le marbre une once d'eſſence de fleurs d'Orange ou de Jaſmin avec deux gros d'eſſence d'Ambre & deux grains de Civette juſqu'à ce qu'ils ſoient bien mêlez enſemble : & enſuite vous en frotterez l'envers de vos gands avec une
éponge

éponge bien également : puis vous les mettrez un peu fécher à l'air & les redrefferés, & ils feront faits.

Vous remarquerez que le dernier Parfum que l'on donne & qui eft le plus neceffaire à toutes fortes de chofes que l'on veut conferver, c'eft celuy de fécher au feu toutes les feüilles de papier defquelles on fe fert pour garnir ou pour plier : car quoy qu'elles paroiffent féches elles ont toûjours de l'humidité.

Maniere de mettre les Peaux & Gands en couleur.

VOus broyerez fur le marbre les couleurs que vous aurez chofies avec un peu d'huile de ben, autrement de l'effence de Jafmin ou de fleurs d'Orange, & les ayant bien broyées vous y ajoûterés de l'eau de fleurs d'O-

ran-

range, & les ayant bien broyées
vous y ajoûterés de l'eau de
fleurs d'Orange peu à peu en
continuant à broyer pour les bien
incorporer ensemble , ce qui é-
tant fait vous rangerés vôtre couleur sur un coin du marbre , &
vous broyerés autant de gomme Adragant qu'il y aura de couleur; la gomme aura été détrempée avec de l'eau de fleurs d'O-
range,&l'ayant bien broyée vous
assemblerés la gomme & la couleur & vous les broyerés ensemble: puis vous y ajoûterés peu à
peu de l'eau de fleurs d'Orange.
Vous mettrés ensuite le tout
dans une terrine &vous augmenterés l'eau à vôtre discretion,
vous ferez ensorte qu'elle ne
soit pas trop épaisse, puis vous
en chargerés vos Gands ou Peaux avec des brosses & ensuite
les mettres sécher à l'air,& étant
secs vous les frotterés & les ou-
vri-

vrirez bien avec les bâtons. Vous broyerés ensuite de la gomme Adragant avec un petit morceau de la même couleur dont vous vous ferés fervy pour faire vôtre couleur de Gands. Il faut que cette gomme foit détrempée avec de l'eau de fleurs d'Orange & qu'elle foit claire, puis vous frotterés vos Gands ou Peaux de cette gomme bien legerement & vous les remettrés fécher, cela fait que la couleur ne fe détache pas des Gands, & étant fecs pour lors vous les frotterés & ouvrirez & les redreflerés, & cela fera fait.

Mélange des Couleurs.

Ifabelle vif.

Beaucoup de blanc, la moitié d'autant de jaune, & les deux tiers de jaune & de rouge.

Ifa-

Isabelle paste.

Beaucoup de blanc , moitié d'autant de jaune , & la moitié d'autant de rouge.

Couleur de noisette.

Terre d'ombre brûlée , un peu de jaune , peu de blanc , & fort peu de rouge.

Noisette claire.

Terre d'ombre brûlée presque autant de jaune, un peu de blanc , & autant de rouge.

Noisette brunastre.

Terre d'ombre brûlée , un peu de pierre noire, un peu de jaune, un peu de rouge.

Couleur d'Ambre.

Beaucoup de jaune, un peu de blanc , peu de rouge.

Couleur d'or.

Beaucoup de jaune, un peu plus de rouge.

Couleur de chair.

Un peu de jaune , un peu de blanc, un peu plus de rouge que de jaune. Con-

Couleur de paille.

Beaucoup de jaune, fort peu de blanc, fort peu de rouge, & beaucoup de gomme.

Couleur brune.

Terre d'ombre brûlée, beaucoup de pierre noire, un peu de noir, & un peu de rouge.

Brun clair.

Terre d'ombre brûlée, un peu de pierre noire, un peu de rouge.

Couleur de musc.

Terre d'ombre brûlée, bien peu de pierre noire, un peu de rouge, un peu de blanc.

Couleur de Frangipanne.

Peu de terre d'ombre, deux fois

I au-

autant de rouge, & trois fois autant de jaune.

Frangipane claire.

Peu de terre d'ombre, beaucoup de jaune, peu de blanc, &
presque autant de rouge que de
jaune.

Couleur d'olive.

Terre d'ombre sans brûler,
peu de jaune, le quart de rouge,
de jaune.

Couleur de bois.

Beaucoup de jaune, un peu de
blanc, peu de terre d'ombre, &
la moitié d'autant de rouge que
de jaune.

TRAI-

TRAITÉ,

DU TABAC.

Maniere de mettre le Tabac eu poudre.

SI le Tabac que vous a-
vez eſt en corde il le faut
décorder & le mettre
ſécher aü Soleil ; & s'il eſt
en côte il le faut mettre ſécher de même & étant ſec le
piler au mortier. Il faut que la
toile du ſas du quel vous vous
ſervirez ſoit ſuffiſamment claire
pour laiſſer paſſer le plus gros

I 2   grain

grain que vous vouliez faire :
& afin de ne pas piler vôtre
Tabac jufqu'à le reduire tout
à fait fin, il faut à tout moment faſſer ce qui ſe pile, parce que ſi vous pilez trop long-
temps il arrivera que vous mettrez en pouſliere ce qui eſt en
grain, & le tout étant en poudre vous le purgerez de la maniere qui ſuit.

Maniere de purger le Tabac.

VOus vous ſervirez d'un ba-
quet ou autre vaiſſeau ſemblable qui ſoit plus grand qu'il
ne faut pour contenir le Tabac
que vous voulés purger, & qu'il
y ait ſous ce vaiſſeau un bondon
ou broche que l'on puiſſe tirer
pour faire évader l'eau, lorsqu'il
en ſera temps, vous garnirés le
vaiſſeau d'une Nappe ou Toile

le affez grande pour aller juſqu'au fond & de border tout au tour. Il faut auſſi que la Toile ſoit forte & bien ſerrée, afin que le Tabac ne puiſſe paſſer au travers. Vous mettrez vôtre Tabac dans le vaiſſeau avec beaucoup d'eau enſorte qu'il trempe bien : vous le remuerez bien dans l'eau, & le laiſſerés tremper juſqu'au lendemain : puis vous ferez ſortir l'eau retenant le Tabac avec la Toile & l'exprimerez le plus que vous pourrez, & remettrez de l'eau & le laverez derechef, & le laiſſerez encore tremper comme la premiere fois, & enfin vous ferez ainſi deux ou trois fois de ſuite. Ce qui étant fait la derniere fois vous exprimerez vôtre Tabac le plus que vous pourrez & vous aurez des clayes d'ozier qui ſeront gar-

nies

nies de Toiles fortes & ferrées
fur lefquelles vous mettrez fécher vôtre Tabac au Soleil, &
vous aurez foin de moment en
moment de le remuer afin qu'il
féche par tout également ; &
lors qu'il fera bien fec vous le
remettrez dans le vaiffeau ou ba-
quet avec fuffifante quantité
d'eau de fenteur à vôtre choix,
foit de l'eau de Rofe ou de fleurs
d'Orange ou d'Ange ; ce font les
eaux qui font propres au Tabac,
vous le laifferez tremper dans
cette eau jufqu'au lendemain.
Enfuite vous le tirerez de l'eau
l'exprimant doucement & le
mettrez fécher derechef fur vos
clayes, ayant foin de le remüer
à mefure qu'il féche & étant fec
vous l'arroferez encore de la même eau : en-forte qu'il foit comme en pâte & vous le laifferez
derechef fécher , & pour lors
étant

étant sec il sera en état de prendre l'odeur des fleurs.

La maniere cy-dessus de purger le Tabac est la meilleure,
& le Tabac par cette maniere
est en état de recevoir toutes
les odeurs que l'on luy veut
donner ; mais l'on ne peut se servir de cette methode sans a-
porter au Tabac de la diminution, & pour les personnes
qui voudront épargner l'eau de
senteur & empêcher qu'il ne diminuë tant, ils pourront se servir
de la maniere qui suit.

Autre maniere de purger le Tabac.

VOus mettrez vôtre Tabac
tremper dans l'eau seulement
une fois pendant vingt quatre
heures, ensuite de quoy vous
ferez évader l'eau & l'exprimerez
le plus que vous pourrez dans la

Toi-

Toile, ou avec les mains ; & le mettrez sécher sur les clayes le remuant de moment en moment pendant qu'il séche , & étant bien sec vous l'arroserez d'eau de senteur de laquelle vous voudrez : en-sorte qu'il soit comme en pâte , & vous le laisserez derechef sécher : & étant sec l'arroserez une seconde fois, & le ferez encore sécher : & pour lors il sera prêt de prendre l'odeur que vous voudrez, ou bien si vous le voulez mettre en couleur de jaune ou de rouge vous le ferez avant que de le parfumer aux fleurs, comme l'Article suivant l'enseigne.

Maniere de mettre le Tabac en couleur Jaune ou Rouge.

VOus prendrez de l'Ocre jaûne ou rouge, du quel vous voudrez, suppofés la grof-feur d'ûn œuf vous y ajoûterez un peu de blanc de craye pour moderer un peu la couleur : vous les broyerez fur le marbre avec environ demi once d'huile d'ámande douce, & les ayant parfaitement bien broyées vous y ajoûterez de l'eau & l'augmenterez toûjours peu à peu, en continuant à broyer jufqu'à ce que l'eau s'incorpore bien avec la couleur : pour lors vous rangerez vôtre couleur fur un coin du marbre. Enfuite vous broye-rez deux cueillerées de gomme Adragant détrempée, & étant
bien.

bien broyée l'assemblerez avec
vôtre couleur & les broyerez
ensemble tant qu'ils soyent
bien mêlés, y ajoûtant de
l'eau peu à peu & alors vous
mettrez le tout dans une Terrine, & augmenterez l'eau en
remuant bien le tout, jusqu'à
la quantité d'une pinte ou environ. Ce qui étant fait, vous
prendrez la quantité de Tabac purgé que vous vou-
drez, & le mettrez, dans un
vaisseau ou terrine, & verserez parmi vôtre Tabac de la
susdite couleur la mêlant bien
avec les mains, faisant comme
une pâte non pas trop liquide
mais seulement bien imbibée.
Vous le laisserez dans sa couleur
jusqu'au lendemain & ensuite
le mettrez sécher sur des toiles
au Soleil, & vous aurez soin de
le remuër à mesure qu'il séchera,
&

& étant sec vous ferez une
gomme comme il suit pour le
gommer.

Vous broyerez sur le marbre
de la gomme Adragant, dé-
trempée avec de l'eau de senteur, & étant bien broyée
vous y ajoûterez peu d'eau
en continuant à broyer en-sorte
qu'elle soit fort claire : & pour
vôtre commodité la mettrez
dans une terrine, afin d'y pouvoir ajoûter de l'eau suffisamment. Vous mouillerez ensuite
le dedans de vos mains avec
cette gomme & en frotterez
vôtre Tabac, & vous ferez ainsi
jusqu'à ce que tout vôtre Tabac
ait été gommé, & pour lors
vous le laisserez sécher, le remuant de moment en moment.
Et étant sec vous fasserez tout
vôtre Tabac avec le sas tout
le plus fin que vous ayez, afin
d'en

d'en séparer la couleur qui n'y
sera pas attachée : ce qui étant
fait il sera en état d'être parfumé aux fleurs ou à l'odeur que
vous voudrez choisir.

Maniere de parfumer le Tabac aux fleurs.

IL est bon de sçavoir que les
fleurs qui sont le plus de service pour le Tabac, sont les
fleurs d'Orange , le Jasmin ,
les Roses communes, les Roses
muscades & les Tubereuses, &
fort difficilement les autres
fleurs communiquent-elles leur
odeur bien naturellement, à
moins que de les repeter bien
des fois : & ensuite les aider en
parfumant le Tabac de l'essence
des mêmes fleurs comme vous
verrez dans les Articles de parfumer le Tabac; mais l'odeur ne

dure

duré jamais long-temps comme des fortes cy-deffus nommées. Voicy de quelle maniere on les employe.

Vous aurez une grande caiffe felon vôtre befoin que vous garnirez de papier bien fec & dans laquelle vous mettrez un lit de Tabac épais d'un pouce, puis un lit de fleurs & continuerez ainfi jufqu'à ce que vous ayez tout employé, & laifferez de cette maniere vôtre Tabac parmi les fleurs pendant vingt-quatre heures : fi vous avez les fleurs en abondance vous les changerés au bout de douze heures. Enfuite vous fafferés vôtre Tabac pour retirer les fleurs & les renouvellerés en même temps, & ferés ainfi pendant quatre ou cinq jours; & lors que vous fentirés que vôtre Tabac aura bien pris

l'odeur

l'odeur des fleurs, vous l'en-
fermerés dans vos boîtes dans
un lieu sec pour le conserver.
Il n'est point necessaire de tou-
cher au Tabac pendant que les
fleurs sont dedans, parce qu'il
ne s'échaufe pas.

Autre maniere de parfumer le Tabac
aux fleurs.

VOus aurés une quantité
selon le besoin de feüilles de
papier de la grandeur ou à
peu prés de la caisse dont vous
vous servirez ; les dittes feuilles seront toutes séchées au feu,
& ensuite piquées par tout
d'une grosse épingle & pour
mettre vôtre Tabac en fleurs,
vous mettrés dans vôtre caisse
un lit de Tabac épais d'un doigt,
puis vous mettrés sur le Tabac
une feüille de papier, & sur

le

le papier un lit de fleurs &
sur les fleurs une autre feüille
de papier ; vous mettrés derechef sur le papier un lit de
Tabac & continuerés ainsi jufqu'à ce que vous ayez tout
employé. De cette maniere
les fleurs sont entre deux papiers
& le Tabac de même, sans que
le Tabac touche aux fleurs, &
par cette maniere le Tabac
prend l'odeur des fleurs bien
naturellement, parce que l'odeur
des fleurs n'est point corrom-
puë par le Tabac. Vous aurez soin de changer les fleurs
selon l'abondance que vous en
aurez, soit au bout de douze
heures ou de vingt-quatre ; &
lors que vous voudrez les retirer, il ne faudra que retirer vos
feüilles de papier & saffer vôtre
Tabac avec un sas, dont la
toile de crin soit assez claire
pour laisser passer vôtre Tabac;

&

& retenir vos fleurs, vous
donnerés ainſi les fleurs pendant quatre ou cinq jours ; &
cela ſera fait.

Boutons de Roſes pour le Tabac.

VOus prendrez une quantité
de boutons de Roſes telle
que vous voudrés, deſquels
vous arracherés le bouton vert
& mettrez à la place de chacun
un clou de Girofle : enſuite
vous les mettrés dans une bouteille de verre & la boucherés
bien & la mettrés au Soleil
pendant trois ſemaines ou un
mois, & vous vous ſervirés de
ces boutons pour mettre dans
vôtre Tabac : aprés qu'il ſera
purgé cela donne une odeur
fort agreable.

Tabac de Mille-fleurs

IL ne s'agit que de mêler
ensemble du Tabac de plu-
sieurs odeurs de fleurs, & de
faire en-sorte par le plus de l'un,
le moins de l'autre que l'on
ne puisse connoître quelle est
l'odeur qui domine, & sera
fait.

Maniere de faire le Tabac de diffe-rente grosseur de grain.

IL faut avoir des sas differens, les uns de toile ferrée, & d'autres plus claire,
ainsi selon la grosseur de vos
toiles vous tirerés le grain en le
sassant, l'on ne separe le Tabac
de cette sorte que lors qu'il a
été parfumé aux fleurs.

Tabac fin façon d'Espagne.

LE veritable Tabac d'Espagne
est tout à fait fin & rougeâtre,
il faut pour en faire de sem-
blable prendre du Tabac rouge
& grené, & le piler au mortier & le passer bien fin par le
Tamis & comme il aura été
purgé avant que d'avoir été
mis en couleur ainsi que je
l'ay marqué dans le commencement de ce Traité, il ne faudra pour lors que luy donner les fleurs comme je l'ay
enseigné & le parfumer ensuite
de l'odeur de pointe d'Espagne ou autre si vous voulez, &
il sera fait.

Pour faire du Tabac de bonne senteur il ne suffit pas de le
parfumer aux fleurs, il faut
encore luy donner d'autres parfums,

fums, il est bien vray que l'o-
deur des fleurs seroit suffisante
& que celuy qui est seulement
purgé pourroit être employé
dans les compositions suivantes,
je laisse cela à la volonté de ceux
qui l'accommoderont à leur fantaisie, mais je diray seulement
que l'experience m'a fait voir, que
l'odeur des fleurs accompagne
fort bien les odeurs les plus déli-
cates & les plus exquises, & que
les odeurs en sont d'une autre
qualité & durent bien plus long-
temps.

Je ne fais point le détail de
plusieurs petits parfums que l'on
peut composer soy-même selon
la fantaisie : Je donne seulement
les memoires des plus excellens
parfums, il est aisé à toutes personnes d'en composer de soy-même ayant la connoissance des o-
deurs qui y sont propres.

M₄

Maniere de parfumer le Tabac en
poudre de plusieurs odeurs
differentes.

Tabac de Cedra ou Berga-motte.

IL n'est pas necessaire de prendre du Tabac parfumé aux
fleurs pour le mettre en odeur
de Cedra, il suffit qu'il soit purgé, parce que le Cedra est une
odeur forte qui pénetre tout &
par consequent il suffit d'en ver-
ser quelque goute dans une once
& le bien mêler, & il sera fait.

Tabac de Neroly.

L'Essence de Neroly est aussi
une essence forte qui s'employe comme celle de Cedra, l'o-
deur en est forte & agreable,
pourveu que l'on n'en mette gue-
res,

rer , car elle eſt encore plus
pénetrante que celle de Cedra.
Il faut particulierement obſer-
ver que ſi l'on veut avoir du Tabac de cette odeur elle doit être
pure & veritable: car pour peu
qu'elle ſoit mêlée elle devient
dans l'uſage d'une odeur déſa-
greable.

Tabac de Pongibon.

VOus prendrez une livre de Tabac jaune parfumé à la fleur
d'Orange , & vous broyerez
dans le petit mortier douze
grains de Civette avec un petit
morceau de Sucre , & l'ayant
bien broyé vous y mêlerez un
peu de Tabac, & continuerez à
l'augmenter en continuant à le
mêler avec le pilon tant que
vous ayez empli vôtre mortier:
vous le renverſerez avec le reſ-

tant

tant de la livre & mêlerés bien le
tout avec les mains, puis vous
remettrés du même Tabac à
moitié plein vôtre mortier,
& y verferés une demi once
d'Effence de fleurs d'Orange
que vous mêleres bien avec
le pilon ; vous acheverés d'emplir vôtre mortier de Tabac,
afin de mieux méler l'effence :
vous renverferes par aprés vôtre mortier fur le reftant.
Vous mêlerés bien le tout enfemble avec les mains, & il fera fait. L'odeur en fera fort
agreable & durera long-temps
& quoyque ce foit de l'effence graffe cela ne fera point
de tort au Tabac & ne paroî-
tra point gras, pourveu que
l'on n'augmente pas la doze cy-
deffus marquée.

Si le Tabac eft parfumé aux
fleurs de Jafmin il faudra
prendre de l'effence de Jafmin,

min, & ainſi des autres fleurs.
Toute ſorte de Tabac ſe peut
parfumer de la même maniere.

Tabac Muſqué.

VOus prendrés du Tabac de
telle odeur de fleurs que
us voudrés, (ſuppoſés une
livre) vous mettrés dans un
petit mortier vingt grains de
Muſc avec un petit morceau
de Sucre & les broyerés bien
enſemble, puis vous y ajoûterés un peu de Tabac, & l'augmenterés en continuant à mêler avec le pilon juſqu'à ce que
le mortier ſoit plein ; enſuite
le renverſerés ſur le reſtant, vous
& mêlerés bien le tout enſemble;
& ſera fait.

Ta-

Tabac à la pointe d'Espagne.

VOus prendrés une livre de Tabac de telle odeur de fleurs que vous voudrés, vous mettrés dans le petit mortier vingt grains de Musc & un petit morceau de Sucre que vous broyerés bien en-semble : ensuite vous y ajoû-terés un peu de Tabac & l'aug-menterés en continuant à bro-yér. Vôtre mortier étant plein vous le renverserés à part & le couvrirés avec une partie du restant, afin qu'il ne s'évente pas. Vous broyerés par aprés dans le mortier dix grains de Civette avec un petit morceau de Sucre, puis vous y ajoû-terés un peu de Tabac & l'augmenterés en continuant à le mêler: vous le renverserés

avec

avec le précedent & mêlerés
bien avec les mains le tout ensemble, & il sera fait.

Tabac en odeur de Rome.

VOus prendrés une livre de
Tabac de telle odeur de
fleurs que vous voudrés, vous
ferés chaufer le petit mortier
& ferés fondre à sa chaleur vingt
grains d'Ambre, vous y mêlerés un peu de Tabac & l'augmenterés peu à peu en continuant à le mêler avec le pilon, &
vôtre mortier étant à moité plein
vous le renverferés à part & le
couvrirés avec une partie du
reftant: enfuite vous broyerés
dans le mortier dix grains de
Mufc avec un petit morceau
de Sucre, y ajoûtant du Tabac
& étant mêlé le renverferés fur
le précedent & le couvrirés en-
K core.

core. Vous broyerés aussi
cinq grains de Civette avec un
peu de Sucre y ajoûtant du
Tabac, puis vous le renverserés avec le précedent & mêlerés
bien le tout ensemble, & il sera fait.

Tabac en odeur de Malibe.

VOus prendrés une livre de
Tabac de fleurs d'Orange,
puis vous ferés chaufer le petit
mortier, & vous ferés fondre à
sa chaleur vingt grains d'Ambre:
ensuite vous y mêlerés un peu
de Tabac que vous augmen-
terés en continuant à mêler
avec le pilon, & vôtre mortier
étant plein vous le renverserez
à part & le couvrirés avec une
partie du restant puis vous
broyerés dans le mortier dix
grains de Civette avec un peu
de Sucre y ajoûtant du Tabac
que

que vous augmenterés en continuant à mêler avec le pilon: aprés quoy vous le renverferés avec le précedent & mêlerés bien le tout enfemble, & il fera fait.

Tabac Ambré.

VOus prendrés une livre de Tabac de telle odeur de fleurs que vous voudrés, puis vous ferés chaufer le petit mortier & ferés fondre à fa chaleur vingt-quatre grains d'Ambre: vous y ajoûterés enfuite du Tabac que vous augmentérez peu à peu en continuant à broyer & mêler avec le pilon; vôtre mortier étant plein vous le renverferés avec le reftant, & mêlerés bien le tout enfemble avec les mains, & il fera fait.

Comme dans les Parfums
cha-

chacun a son goût & que plusieurs aimeront la Tabac bien
parfumé : il y en a qui voudront
une odeur douce & cependant
qui soit toûjours bonne ; ils
auront lieu de se contenter avec
les compositions ci-devant mar-
quées.   Car si les odeurs leur
semblent trop fortes ils n'auront
qu'à augmenter le Tabac aprés
que l'odeur y sera donnée, &
elle sera douce puisqu'il n'y va
que du plus ou du moins, dautant que les compositions en
sont trés-bonnes, & sur toutes
choses il faut avoir soin de bien
enfermer le Tabac lors qu'il est
parfumé afin que l'odeur ne
s'évente pas.

F I N.

TA-

TABLE

De ce qui est contenu en ce Traité des Parfums.

TRAITE' DES POUDRES pour les Cheveux.

K 3

TABLE,

TRAITE' DES SAVON-NETTES.

Sa-

TABLE.

TRAITE' DES ESSENCES
& huiles parfumées aux
fleurs,

K 4 Es-

TABLE.

§. I.

TRAITE' DES POMMA-
DES.

TABLE.

§. I.

§. II.

TRAITE' DES PARFUMS
bons pour la Bouche.

K 5   Pa-

TABLE.

TRAITE' DES EAUX DE Senteur.

§ I.

TABLE

§. I.

Maniere de faire les Paſtilles à brûler.

§. II.

K 6   Ma-

TABLE

TRAITE' DES GROSSES
Poudres à la Maréchalle & de toutes les manieres de s'en servir.

Bel-

TABLE

§ I.

§. II.

Maniere de parfumer par la fumée.

TABLE.

TRAITÉ DES PEAUX
& Gands parfumez.

Com-

TABLE.

TRAITE' DU TABAC.

Tabac

TABLE.

Fin de la Table.

Catalogue de livres nouveaux & autres.

l'E.

l'Efprit d'Arnaud. 2. tom. 12.
Logique de port Royal. 12.
Mort des Juftes par la Placette.
Menagiana. 2. tom.
Memoire de la Cour d'Angleterre.
    12.
.. de St. Evremont- 12.
.. de Brantome. 9. tom.
.. de Baflompiere. 2. tom.
Morale des Jefuites 8. tom. 12.
.. de Hammond. 12.
Oeuvres de Scarron. 9. tom. 12.
.. de Molerie 6. tom.
.. de Corneille. 9. tom.
.. de Pradon. 12.
.. de Pafferat. 12.
.. d'Auteroche. 12.
.. de Rabelais. 2. tom.
.. de Rapin. 2. tom.
.. de Patru. 2. tom.
.. de St. Real & fa Critique.
.. de Temple. 12.
.. de Sarrafin. 12.
Voyage de Thomas Gage. 2. tom.
    Fig.
.. de Ceylan. 12. Fig.
.. de Thevenot. 5. tom.
.. de Tavérnier. 3. tom.
.. d'Efpagne par Madame d'Aunoy.
                    d'Italie

.: d'Italie par Misdon. 2. tom.
-- Historique de l'Europe. 5. tom.
-- De Moscovie. 16.
Vie de Sixte 5. 3. tom. Italien,
 par Letti.
-- idem en Francois.
-- de Commendon.
,, de Plutarque par Dacier.
-- de Coligny.
France Ruinée.
Furetieriana ou bons Mots.
Relation de Perse par Samson.

On trouve chez le Sr. Marret
toute sorte de Livres Nouveaux &
autres trés - curieux qui paroissent
Journellement; le tout à juste prix.

www.ingramcontent.com/pod-product-compliance
Lightning Source LLC
Chambersburg PA
CBHW071635200326
41519CB00012BA/2306